Excelによる
統計入門

[第4版]

縄田和満 ［著］

朝倉書店

は じ め に

　統計学では多くのデータの分析手法が開発されており，それらを説明した数多くの解説書が出版されている．実際にこれらの手法を用いてデータの解析を行い，さらには理論的理解を深めるためにも，コンピュータによる分析が必要不可欠であることは述べるまでもない．幸いなことに今日では，高性能のパソコンや分析のためのソフトが比較的安価で入手でき，ほとんどのデータ解析がこれらによって可能となっている．

　ここでは，Microsoft 社の Excel による統計データの解析について筆者が東京大学教養学部，工学部，経済学研究科などで行ってきた講義・演習をもとに説明する．

　Microsoft 社の Excel は，世界的に最も広く使われているプログラムの1つであり，

　ⅰ）　取り扱いが簡単なこと，

　ⅱ）　統計分析以外の分野においても広く使用されており，応用範囲が広く，パソコンの利用方法の入門としても有益であること，

　ⅲ）　実際の操作を確認しながら演習を行うことができるので，統計手法や理論の理解の手助けとなること（統計分析専用のパッケージプログラム，例えば SAS，SPSS，EViews などでは手法について知らなくても結果を得ることができる），

など，統計データ解析の入門者・初心者にとって利益が大きいと考えられる．

　本書の執筆に当たっては，

　ⅰ）　統計手法の理論的な説明は各種の統計入門書によるものとし，必要最小限にとどめ，データ解析の演習を中心とした，

　ⅱ）　パソコンや Excel の機能の説明は，分析に必要なものにとどめ，煩雑さを避けることを目的とした（例えば，複数の操作によって同一のことを実行可能な場合は簡便性・他の操作との共通性などを考慮し，原則として1

つのみを説明），

など，パソコン，統計学の初心者・入門者でも利用できるようにした．また，第1章から第8章までは，主にデータの整理分析を中心としており，統計学の理論的な部分はほとんどないため，本書は，情報処理やExcelの入門書としても利用可能である．

Excelは Office 365版を Windows 10上で使用した．Excel 2007など以前のバージョンは操作方法がかなり異なるので，拙著『Excelによる統計入門［Excel 2007対応版]』（縄田，2007）などを参照していただきたい．

また，本書中の表データは，朝倉書店ホームページ（http://www.asakura.co.jp/）からダウンロードできるので，参照していただきたい．

なお，すでに述べたように，本書は筆者が東京大学で行っている講義・演習内容をまとめたものであるが，ご助言・コメントをいただいた諸先生方，受講生諸君に感謝の意を表したい．『Excelによる統計入門』が最初に出版されたのは1996年であり，今回は3度目の全面改訂となる．20年以上の長期間に渡り，幸いにも多くの読者の方々に支えていただくことができた．また，この間朝倉書店編集部の方々に大変お世話いただいた．心からお礼申し上げたい．

2020年2月

著　　　者

目　　次

1. Excel 入 門

1.1 Excel を使うための基本操作

ここでは，Excel を使うための基本操作を説明します．本書では，Office 365 版 Excel を Windows 10 上で使用した場合を対象としています．（Excel 2007 などの以前のバージョンは操作方法がかなり異なりますので，拙著『Excel による統計入門［Excel 2007 対応版］』（縄田，2007）などを参照してください．）なお，説明の部分と実際にキーボードで入力する部分を区別するため，キーボードから入力する部分を**ゴチック体**で表すことにします．（区別のためですので，実際の入力ではゴチック体で入力する必要はありません．）

1.1.1 Excel の 起 動

Windows 10 上で Excel を起動させるには，［スタート］→［Excel］をクリックします（図1.1）．（マウスを動かして矢印（これをマウスポインタと呼びます）を目的のところへ移動し，左側のボタンを押します．）Excel が起動しますので，［新規］→［空白のブック］をクリックします（図1.2）．（大学のコンピュータセンターなどでは，設定によっては他の起動方法が必要になることもありますが，その場合はマニュアルなどを参照するか，コンピュータセンターに問い合わせてください．なお，Excel のバージョンによっては，一方が省略されている場合がありますが，その場合はどちらか一方をクリックすれば，ワークシートが表示され，以後の作業は同一です．）Excel のワークシートが表示されますが，各構成要素名は，図1.3 のとおりです．

1.1.2 リボンについて

Excel（Word などの Office 365 の製品も同様です）では，「リボン」というユーザーインターフェースによって画面が表示されています．リボンでは，実際の操作に必要な「コマンド」を「タブ」，「グループ」に分類して表示します．タブはリボン上部に表示されており，［ホーム］，［挿入］，［ページレイアウト］，

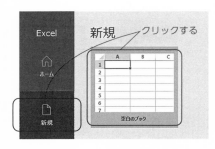

図 1.2　［新規］→［空白のブック］をクリック
する．一方が表示されない場合は［新
規］または［空白のブック］をクリッ
クする．

図 1.1　［スタート］→［Excel］をクリックして
Excel を起動させる．

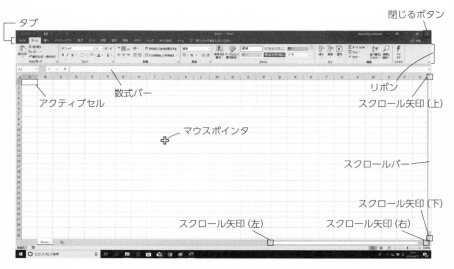

図 1.3　Excel のワークシートが表示される．

図 1.4 「リボン」には数種類の「タブ」が存在する. [ホーム] タブには 7 つの
グループが存在する.

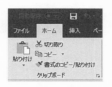

図 1.5 「クリックボード」のグループには, [貼り付け], [切り取り], [コピー],
[書式のコピー/貼り付け] などのコマンドボタンがある.

[数式], [データ], [校閲], [表示] などの種類があります (図 1.4). 起動した
初期状態では, [ホーム] タブが選択されます. 他のタブに含まれるコマンドは
表示されません. (他のタブに含まれるコマンドを表示するためには, そのタブ
をクリックします.)

　選択されたタブの中では, コマンドは操作の類似性などによって, グループ別
に表示されます. [ホーム] には, 左から順に [クリップボード], [フォント],
[配置], [数値], [スタイル], [セル], [編集] 等のグループがあります. (グ
ループ名は, リボン下部に表示されています.) 一番左の [クリップボード] に
は, [貼り付け], [切り取り], [コピー], [書式のコピー / 貼り付け] などのコ
マンドのボタンが収納されています (図 1.5). (これは, 目的の地名を探すのに
「県ごとの市町村名」→「市町村ごとの地名」というように検索していくのに似て
います.) 今後, 本書でも順次説明を加えていきますが, Excel を効率よく利用
するためには「リボン」の構造を十分に理解し, 使いこなせることが必要となっ
ています.

1.1.3 日本語の入力

　Excel において日本語を入力するためには, 日本語入力モードとなっている必
要があります. 日本語ワープロソフトと違い, Excel では起動時点では, 英字・
数字の入力モードとなっています. (なお, 本書では, Microsoft IME を用いた
場合について説明します. 他の日本語入力システムを利用する場合は, キー操作

ここをクリック
する

図 1.6 「分析ツール」の組み込みには［ファイル］→［オプション］をクリックする.

が多少異なる場合がありますので，そのマニュアルを参照してください.）日本語入力モードとするためには，キーボード左上部にある［半角/全角 漢字］キー（ノートパソコンでは［半/全 漢字］と表示されている場合があります）を押します．ローマ字による日本語入力が可能となります．再び［半角/全角 漢字］キーを押すと，英字・数字の入力モードとなります.

1.1.4　分析ツールの組み込み

Excel で統計分析を行うには，［分析ツール］が組み込まれている必要があります．［分析ツール］は通常の設定では組み込まれませんので，これを組み込む必要があります.（なお，［分析ツール］

ここを
クリック
する

図 1.7 「Excel のオプション」のボックスが現れるので［アドイン］をクリックする.

ここをクリックする

図 1.8　「アドインの管理」のボックスが現れるので設定をクリックする.

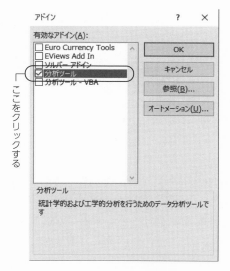

ここをクリックする

図 1.9　「アドイン」のボックスが現れるので，[分析
　　　　ツール]をクリックし，チェックされた状
　　　　態としてから[OK]をクリックする.

図 1.10　［データ］タブに［データ分析］が追加される.

は，第5章まで使用しませんので，Excelに詳しくない方は後ほど行っても結構
です.）Excelを起動してください.［ファイル］→［オプション］をクリックしま
す（図1.6）.「Excelのオプション」のボックスが現れるので，［アドイン］をク
リックします（図1.7）.「アドインの管理」のボックスが現れるので，［設定
(G)］をクリックします（図1.8）.「アドイン」のボックスが現れるので，「分析
ツール」のボックスをクリックし，チェックされた状態として，［OK］をクリッ
クし，［分析ツール］を組み込みます（図1.9）.［データ］タブの「分析」グルー
プに［データ分析］のコマンドボタンが加えられます（図1.10）.

1.2　Excelへの入力

［ホーム］タブが選択されていることを確認してください.（本章では，他のタ
ブのコマンドは使用しません.）Excelは表計算ソフトと呼ばれる分類に属しま
すが，データの入力はすべて「セル」を単位として行われます.セルは列と行と
の組み合わせで，列がアルファベットで，行が数字で表されます.例えば，一番
左上のセルはA1，3列2行目のセルはC2などですが，これを「セル番地」と呼
びます.現在入力を行うことのできるセルをアクティブセルと呼びます.アク
ティブセルは，

　　i)　キーボードの4つの矢印（→←↑↓）を操作する,
　　ii)　マウスを使って目的のセルにマウスポインタを移動させ，1回クリッ
　　　　　クする,

ことによって任意のセルに移動させることができます.では，2つの方法によっ
てアクティブセルを適当なセル，例えばD10へ移動してみてください.セルに
入力できるのは英語，日本語，数字，式ですので，以下，これらの入力について
簡単に説明します.

1.2.1　英　字　の　入　力

　　アクティブセルをA1へ移動させてください.入力モードが英数字の入力モー
ドであることを確認します.ここで，**Tokyo**とタイプして［Enter］キーを押し

ます．その結果,「Tokyo」という文字がA1
に入力され,アクティブセルが1つ下のA2
へ移動します（図1.11）.

1.2.2 日本語の入力

a. ひらがなの入力

アクティブセルがA2であることを確認し
てください．[半角/全角 漢字]キーを押し
て,入力モードを日本語モードとしてくださ
い．とうきょうとひらがなで入力してみま
しょう．ローマ字入力ですので, **toukyou**

図 1.11　英字の入力（英数入力モード）

とタイプします．そのまま,[Enter]キーを押すと「とうきょう」という文字が
A2に入力されます.

b. 漢字の入力

[Enter]キーを押すと,アクティブセルが1つ下のA3へ移動します．A3に東
京と漢字で入力してみます．まず,とうきょうと
ひらがなで入力し,[変換]キーを押します.
（[スペース]キーを押しても変換することができ
ます.）ひらがなが漢字に変換され,「東京」が現
れます．[Enter]キーを押すと漢字への変換が完
了します．さらに[Enter]キーを押して「東京」
をA3に入力します.

アクティブセルがA4であることを確認してく
ださい．今度は「一」という漢字を入力してみま
す.「東京」は同音異義語が少ないので1回で正
しい漢字が選択されます．しかしながら,同音異
義語が数多くある場合,1回では正しい漢字が出
てこないのが普通です．例えば,「いち」という
発音をもつ言葉には,「位置」,「一」,「市」など
があります．この場合,いちとひらがな入力を
し,変換キーを2回押すと同じ発音の漢字の候補
が出てきますので,「一」に対応する番号を選択
し,[Enter]キーを押してください（図1.12）.

図 1.12　日本語の入力と漢字交換

c. カタカナの入力

　[Enter] キーを押して，アクティブセルを A5 へ移動してください．今度はア
メリカとカタカナで入力してみます．まず，ひらがなであめりかと入力します．
これをカタカナに変換しますが，2つの方法があります．第一は，漢字に変換す
る場合と同様，[変換] キーを押し，その中からカタカナの表示を選択する方法
です．Microsoft IME では，カタカナの表示が変換の候補に加えられており，カ
タカナ表示が一般的でない言葉でもこの方法で変換が可能です．第二は，[F7]
キーを使う方法です．例えば，オオサカと入力したい場合，おおさかと入力し，
[変換] キーの代わりに [F7] キーを押しますと，入力したひらがながカタカナ
へ変換されます．（[F8] キーを押すとｵｵｻｶと半角文字で表示されます．）[Enter]
キーを押してください．

d. 文 章 の 入 力

　[Enter] キーを押してアクティブセルを A7 へ移動させてください．今度は文
章を入力します．東京から大阪へ行くと入力してみましょう．まず，とうきょう
からと入力し，[変換] キーを押して「東京から」とします．次に，おおさかへ
と入力し，[変換] キーを押して「大阪へ」とします．最後に，いくと入力して，
「行く」と変換します．

　なお，この程度の文章ですと，現在の変換システムでは，一括して変換が可能
ですが（とうきょうからおおさかへいくと入力して変換キーを押す），長い文章
や複雑な文章を一括変換しようとすると，入力の間違いが起こりやすくなった
り，目的の漢字にうまく変換できなかったりしますので，文章の入力に慣れるま
では短い単位で変換を行ったほうがよいでしょう．入力中に間違いがあった場合
は，[Delete] キー（挿入ポイントの文字を消去），[Back Space] キー（1つ前
の文字を消去），左右の矢印キー（← →，入力する位置を移動させる）を使って
修正します．最後に，[Enter] キーを押します．

e. セルの内容の変更

　すでに入力されているセルの内容を変更してみます．このためには，マウスを
使ってマウスポインタを内容を変更したいセルへ移動させます．マウスの左側の
ボタンを素早く2回クリックしますと（これを「ダブルクリックする」といい，
現在のパソコンを使う上で必要不可欠な操作です），セルの内容が変更できるよ
うになります．変更後は，セルの内容を確定させるために [Enter] キーを押し
ます．では，A7 の内容を東京から名古屋へ行くと変更してみましょう．

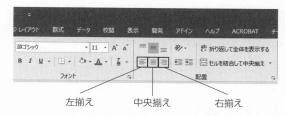

図 1.13　マウスを使って A1 から A7 までをドラッグして指定する.

図 1.14　文字位置変更のコマンドボタンは「配置」グループにまとめられている.

1.2.3　文字位置の変更

Excel では, 文字は各セルの左詰めで表示されますが, 表などを作成するにはこれでは適当ではありません. このような場合, 文字の位置を右詰めや中央揃えに変更することができます.

今まで入力した内容を右詰めで表示してみます. まず, マウスを使って, マウスポインタを A1 へ移動させ, 左側のボタンを押します. そのまま, ボタンを押しながらマウスを下げ, A7 までを指定します (図1.13). (これを「ドラッグする」といい, Excel を使うのに必要不可欠な重要な操作です.) 指定されたセルの範囲は色が変わり, 太線で囲まれて表示されます. 次に, 上部のリボンの[ホーム] タブの「配置」グループの中から「右揃え」のコマンドのボタン (以後は単にボタンと表示します) をマウスで選び, クリックします. その結果, セルの内容は右詰めで表示されます. 再び表示を左詰めにするには, マウスで範囲を指定し,「配置」グループの中から「左揃え」コマンドボタンを選択し, クリックします. 文字をセルの中央に揃える場合は「中央揃え」のボタンを同様に使います (図1.14).

1.2.4　数 字 の 入 力

今度は数字を入力してみます. [半角/全角 漢字] キーを押して入力モードを英数字のモードに変更してください. (Excel では, 日本語入力モードでも数字の入力は可能で, 全角で入力しても半角の数字として表示されますが, 最初のうちは混乱を避けるため, 数字は英数字の入力モードで入力してください.) A8 から順に下側へ, 次の数字を入力してみましょう.

123

12345

0.123

```
0.000001
1000000
```

この数字の表示形式を変えてみましょう. ここでは, 固定小数点, コンマ, パーセント, 指数表示について述べます.

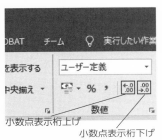

小数点表示桁上げ

小数点表示桁下げ

図 1.15 固定小数点表示の桁数の変更 (「数値」グループ)

コンマ表示

図 1.16 コンマ表示

パーセント表示

図 1.17 パーセント表示

a. 固定小数点表示

123 を 123.0 と小数点以下 1 桁までの表示にしてみます. A8 がアクティブセルとなっていることを確認してください. リボンの「数値」グループの[小数点表示桁上げ]のボタンをクリックします. すると表示が 123.0 となります. 小数点以下 2 桁まで表示したい場合は, この操作を繰り返します. また, 逆に小数点以下の表示を減らしたい場合は, 「数値」グループの[小数点表示桁下げ]のボタンをクリックします (図 1.15).

b. コ ン マ 表 示

次に, 12345 を 12,345 というように 3 桁ごとにコンマを入れて表示してみます. このためには, アクティブセルを 1 つ下げ, 「数値」グループの[桁区切りスタイル]のボタンをクリックします. 表示が 12,345 と変更になります. また, 前に述べた小数点以下の表示桁数変更の操作と組み合わせれば, 12,345.0 などと表示することが可能になります. なお, 入力時に **12,345** と入力した場合, そのセルの数字の表示形式は 3 桁ごとにコンマを入れる形式となり, セルの数字を変更してもこの表示形式は維持されます (図 1.16).

c. パーセント表示

アクティブセルを 1 つ下げてください. 今度は 0.123 を 12.3% と表示してみます. 「数値」グループの中から[パーセントスタイル]をクリックします. すると表示が 12% となります. 次に, 小数点の表示の変更操作を行い, 小数点以下桁数を調整す

ると，12.3％と表示されます．なお，入力時に**12.3％**と入力した場合，セルの［表示形式］は12.30％と小数点以下2桁のパーセント表示になり，セルの数字を変えても表示形式は維持されます（図1.17）．

d. 指 数 表 示

0.000001や1,000,000のように非常に絶対値が小さい数や大きい数を表すには，指数表示が便利です．これは，

0.000001を，1.00×10^{-6}

1,000,000を，1.00×10^{6}

と表す方法で，Excelでの表示は，$1.00\mathrm{E}-06$，$1.00\mathrm{E}+06$ となります．マウスを動かしてマウスポインタを0.000001と入力されているセルのところへもってきてください．マウスの左側のボタンを押しますが，ボタンを押したままマウスを動かします．すると，1つのセルだけでなく，そのセルを起点として複数のセルが

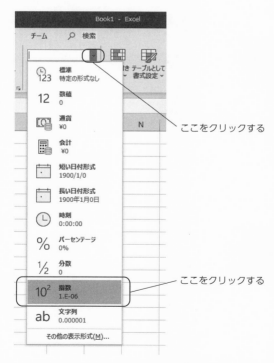

図 1.18 「数値」グループの［標準］の右側の下向き矢印［∨］をクリックし，表示形式のメニューから［指数］をクリックする．

指定されます．（先ほど説明したようにこれを「ドラッグする」といいます．）マ
ウスをうまくドラッグして，0.000001 や 1,000,000 の入力されている 2 つのセル
を指定し，ボタンを離します．すると，2 つのセルは色が変わって表示されます．

　指数表示はリボンに直接表示されていませんので，「数値」グループの中の
［標準］と表示されているボックスの右側の下向きの矢印［∨］をクリックしま
す．このためには，マウスを使ってマウスポインタの矢印を［∨］のところへ移
動させ，左のボタンを 1 回クリックします．「表示形式」のメニューが出てきま
すので，マウスを使って［指数］をクリックして選択すると，Excel の入力画面
に戻り，指定されたセルの表示が指数となります（図 1.18）．指数表示の小数点
以下の表示桁数を 1.000E−06 や 1.0E＋06 のように変更したい場合は，前と同
様に［小数点表示桁上げ］や［小数点表示桁上げ］ボタンをクリックします．

　なお，他の表示形式と同様，非常に大きな数や小さな数を入力する場合には，
1.0E−6 や **1.0E6** というように指数表示で入力することが可能です．その場合，
セルの表示形式は指数表示となります．

1.2.5　列幅の変更

データを表示するのに，セルの幅を変更する必要が生じることがしばしばあり

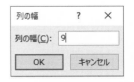

図 1.19　「セル」グループの［書式］をクリックし，
　　　　　メニューから［列の幅(W)］をクリックする．

図 1.20　列幅を変更し，［OK］を
　　　　　クリックする．

ます．このためには，マウスを使って，画面上部のリボンの「セル」グループの中から［書式］をクリックします．［セルのサイズ］のメニューが現れますので，［列の幅（W）］を選択します（図 1.19）．表示される［セルのサイズ］のメニューから，［列の幅（W）］を選択します．「列幅」のボックスが現れますので，**9** と入力し，列幅を半角文字 9 文字分にし，マウスを使って［OK］のボタンを選択します（図 1.20）．この結果，列幅が半角文字 9 文字分に広がります．では，A13 に **123456789** と入力してください．表示形式の変更を使い，3 桁ごとにコンマを入れて 123,456,789 と表示してみましょう．アクティブセルを 1 つ下げ，**123456789** と入力してください．先ほどの手順に従って表示形式を変更すると，セルが「########」となってしまいます．これは，表示しようとする桁数が大きすぎるためセルの幅を超えてしまい，表示できないことを示しています．列の幅を **12** に変更してください．123,456,789 という表示が可能となります．また，表などをつくる場合，列の幅を短くしたい場合がありますが，この場合は同様の方法によって列幅を縮めることができます．

1.2.6 数式・算術関数の入力

a. 数　　　式

Excel では，電卓の代わりにいろいろな計算を簡単に行うことができます．（なお，大部分の式の入力は日本語入力モードでも可能ですが，誤りを少なくするため，操作に慣れるまでは，すべて英数字入力モードで行ってください．）アクティブセルを 1 つ下げてください．＝2＋3 と入力すると，その結果の 5 が現れます．計算を行う場合，先頭に＝（または＋，－）を付けてください．**2＋3** と入力しますと，文字列と解釈され，計算結果ではなくそのまま「2＋3」が現れてしまいます．

数式計算記号は，足し算＋，引き算－，掛け算 *，割り算 /，べき乗 ^ で，計算の優先順位は，通常の規則と同様，「べき乗」→「掛け算」，「割り算」→「足し算」，「引き算」で，優先順位を変えたい場合は，（　）を使います．｛　｝，［　］は使わず，複数のカッコが必要な場合は（　）を複数個使います．例えば，

$(2+3)^2/2$ は，　　　　　**＝(2＋3)^2/2**

$\{2+(3+2)^2\}\times3$ は，　**＝(2＋(3＋2)^2)＊3**

と入力します．セルには，計算結果の 12.5 と 81 が現れます．また，数字を入力した場合と同様の方法によって適当な表示形式に変更することができます．なお，べき乗を計算する場合，**＝－3^2** と入力すると，－3 の 2 乗で 9 となってし

まいますので，3を2乗したもののマイナスを求める場合は，**＝－(3^2)** と入力します．（ただし，**＝1－3^2** は－8と正しく計算されます．）

b. 算 術 関 数

Excelでは，多くの算術関数が用意されています．例えば，$\log_{10}(5)$ を計算したい場合は**＝LOG10(5)** と入力します．なお，関数名は大文字，小文字のいずれでもかまいません．カッコの中の引数は，数字または数字のセル入っているセル番地を**＝LOG10(A10)** のように指定します．また，関数は数式の中にも使うことができます．$2 \times \log_{10}(5) \times \log_{10}(7)$ の計算は，**＝2*LOG10(5)*LOG10(7)** というように入力します．

Excelの主な算術関数は次のとおりです．（このほかにもいろいろな関数が用意されています．詳細は，Excelの関数の解説書を参照してください．）

ABS(数値)	数値の絶対値を計算する．
COS(数値)	コサインを計算する．
EXP(数値)	$e = 2.718\cdots$ のべき乗を計算する．
INT(数値)	小数点以下を切り捨てて整数にする．
LN(数値)	e を底とする対数（自然対数）を計算する．
LOG(数値1，数値2)	数値2を底とする数値1の対数を計算する．数値2を省略した場合は，底が10の常用対数が計算される．
LOG10(数値)	10を底とする対数（常用対数）を計算する．
MOD(数値1，数値2)	数値1を数値2で割った場合の余りを計算する．
PI()	円周率 π を与える．
SIGN(数値)	正負の符号を求める．
SIN(数値)	サインを計算する．
SQRT(数値)	平方根を計算する．
RAND()	0以上1未満の一様乱数を発生させる．引数は使わない．
ROUND(数値，桁数)	桁数で指定した下の桁で数値を四捨五入する．

c. 特殊な記号の入力

今，「2ページあるうちの1ページ目」という意味で**1/2** と入力してみましょう．そのまま入力すると，Excelは日付データとして扱い，「1月2日」が現れます．しかしながら，これは，2ページあるうちの1ページ目ということですので，

そのまま文字データとして「1/2」と表示する必要があります. その場合は, 先頭に ' を打ち, **'1/2** と入力します. すると, これは日付データではなく文字データと認識され,「1/2」がそのまま左詰めで表示されます. 1–2についても同様ですので, 試してみてください. また, 数字を文字データとして扱いたい場合も, この入力方式を使います.

1.2.7 行や列の挿入・削除

データをすでに入力してしまった後で, データの中に新しく行や列を加えたいことがしばしば起こります. 6行目に行を新しく挿入してみます. アクティブセルを行を挿入したいところ (A6) へ移動してください. マウスを使って矢印を画面上部のリボンの「セル」グループの [挿入] の右側の下向きの矢印 [▼] へもっていき, クリックします. [挿入] のメニューが現れますので, [シートの行を挿入 (R)] を選択します (図1.21). その結果, 6行目に新しい行が挿入されます. 列の挿入も同様です.

余分な行や列を削除したい場合は, アクティブセルを削除したい行や列に移動させ, 「セル」グループの中の [削除] の右側の下向きの矢印 [▼] をクリックします. 削除のメニューの中から, [シートの行を削除 (R)] や [シートの列を削除 (C)] を選択すると行や列が削除されます (図1.22). なお, 削除を行う場合は削除する部分に必要なデータがないことを必ず確認してください.

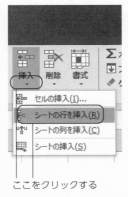

図 1.21 「セル」グループの [挿入] の下側の矢印 [▼] をクリックし, メニューから [シートの行を挿入] をクリックし, 行を挿入する.

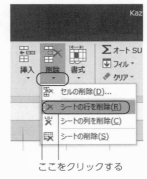

図 1.22 行の削除を行うには, 「セル」グループの [削除] の下側の矢印 [▼] をクリックし, メニューから [シートの行を削除 (R)] を選択する.

1.2.8　ファイルの保存と呼び出し

a.　ファイルの最初の保存

　Excel では作業の単位は「ブック」（book）と呼ばれます．現在作業を行っているブックをファイルとして保存してみます．マウスを操作して，［ファイル］のタブへもっていき，クリックして選択します．メニューが現れますので，その中から［名前を付けて保存]→[参照］を選択します（図1.23).（バージョンによっては，［参照］をクリックする必要はありません．以下同様です．）［名前を付けて保存］のボックスが現れます．左側のウインドウで［デスクトップ］を選択します．次に，マウスで［ファイル名（N）］をクリックします．ファイル名を書き込みますが，［Back Space]，[Delete]キーを押して，すでにある「Book1」というファイル名をすべて消去します．ファイル名は，英数の半角文字で 255 文字（かな漢字ではその半分）までの，適当な名前を付けます．ファイル名として使用できない特殊記号がありますので，慣れない間は，英数のファイル名を使う場合，アルファベット 26 文字と数字の 0～9 を使ってください．なお，大文字，

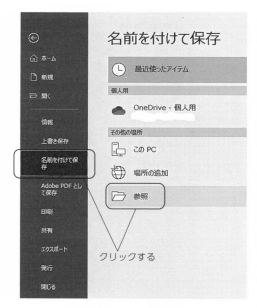

図 1.23　「ファイル」タブをクリックし，[名前を付けて保存]→[参照]
　　　　をクリックする．バージョンによっては［参照］をクリック
　　　　しなくとも「名前を付けて保存」のボックスが現れる．

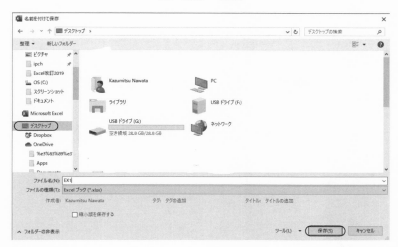

図 1.24 左側のウィンドウで［デスクトップ］を選択し，［ファイル名］を **EX1** として［保存（S）］をクリックする．デスクトップ（コンピュータの起動画面上）にファイルが保存される．

小文字は区別されませんから，どちらで入力しても，また混合して使っても同一のファイル名となります．タイプ名は自動的に書き加えられますので，加えないでください．では，**EX1** とタイプしてください．タイプが終了したら，マウスを使って［保存（S）］をクリックします．作業を行っているブックが「デスクトップ」すなわちコンピュータの起動画面上にファイルとして保存されます（図1.24）．

b. Excel の 終 了

一度，Excel を終了してみます．画面右上の［閉じる］ボタン［×］をクリックします（図1.25）．ファイルを保存しないで終了すると，せっかくの今までの仕事が消えてなくなってしまいますので，注意してください．（保存せずに終了しようとした場合，Excel がファイルを保存するかどうかたずねてきます．）

図 1.25 Excel を終了するには画面右上の［閉じる］ボタンをクリックする．

c. ファイルの呼び出し

再び，［スタート］→［Excel］をクリックして，Excel を起動させてください．先ほ

ど作成したファイルを呼び出してみます．メニューの中から，［開く］をクリックします（図1.26，1.27）．［ファイルを開く］のメニューが現れますから，［参照］をクリックし，［デスクトップ］→「EX1」をマウスで選択してください．さらに［開く（O）］をクリックするとファイルが呼び出されます（図1.28）．

　以上が，一般的なファイルの呼び出し方法ですが，個人的に連続して同一のパソコンを使う場合は，ファイルメニューに直接ファイル名が出てきますので，そ

図 1.26　Excel が起動したら，［開く］を選択する．

図 1.27　［開く］をクリックするとメニューが表示されるので，［参照］をクリックする．同一のパソコンを使用する場合はファイル名を直接クリックする．

図 1.28　［ファイルを開く］のボックスが表示されるので［デスクトップ］→［Ex1.xlsx］を選択する．

れを選択することによってファイルを呼び出すことができます.

d. ファイルの再保存

2回目以後,ファイルを保存する場合は(当然,最初に保存を行う場合と同一の操作で保存可能ですが),[ファイル]のメニューの中から[上書き保存]を選択することによって簡単に保存することができます(図1.29).ただし,上書き保存では,今までのファイルは自動的に消去されてしまいますので,今までのファイルと作業を加えた新しいファイル両方が必要な場合は,最初に保存を行った場合と同一の手順で,ファイル名を変更して保存してください.では,b項で示した終了手順に従って,Excelを終了してください.

e. 他のデバイスへのファイルの保存

これまでは,分かりやすいようにファイルをコンピュータ内のデスクトップに保存しましたが,持ち運び可能なUSBメモリーなど,他のデバイスに保存したい場合があります.このときは(メモリーをコンピュータに設定するのを忘れないでください),[ファイル]のメニューから[名前を付けて保存]→[参照]をクリックすると「名前を付けて保存」のボックスに保存可能なデバイスが表示

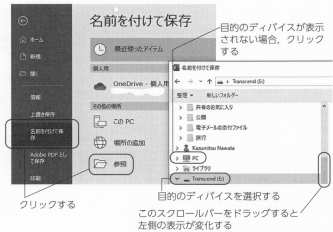

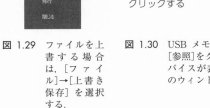

図 1.29 ファイルを上書する場合は,[ファイル]→[上書き保存]を選択する.

図 1.30 USBメモリーなどに保存する場合は[名前を付けて保存]→[参照]をクリックし,目的のデバイスを選択する.目的のデバイスが表示されない場合は[PC]をクリックすると,右側のウィンドウにデバイスが表示されるので選択する.

されますので，「USB ドライブ」など目的のディバイスを選択して，保存を行います（図 1.30）．目的のディバイスが表示されない場合は［PC］をクリックします．右側のウィンドウにディバイスが表示されるので，それを選択します．

1.3 新しいフォルダーの作成，ファイルの暗号化，クラウド

1.3.1 新しいフォルダーの作成

これまでは，「デスクトップ」，すなわち，コンピュータの起動画面上にファイルを保存しました．デスクトップでは，ファイルが保存されていることを画面上で直接確認できますが，画面のスペースは限られており，多くのファイルを体系的に，分かりやすく保存することはできません．そこで，コンピュータを使用する場合，ファイルを保存する「フォルダー」を作成してファイルを体系的に保存しておきます．［ファイル］→［名前を付けて保存]→［参照］を選択して下さい．

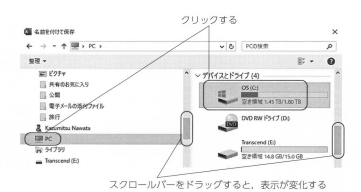

図 1.31 新しいフォルダーを作成するには「名前を付けて保存」のボックスで［PC］をクリックし，「ディバイスとドライブ」で［C:］をクリックする．（「ディバイスとドライブ」が表示されるまで右側のスクロールバーをドラッグする．）

図 1.32 「新しいフォルダー」をクリックし，名前を「Excel 演習」とする．

「名前を付けて保存」のボックスが表示されるので，［PC］→［C：］をクリックします（図1.31）．C：はコンピュータの記憶ディバイスを表す記号で，通常コンピュータ内のハードディスクを表します［新しいフォルダー］をクリックして下さい．フォルダーのリストに［新しいファルダ―］が加わりますので，それをクリックして「Excel演習」のように名前を付けます（図1.32）．以後は，［PC］→［C：］→［Excel演習］をクリックすることによって，再生したフォルダーへのファイルの保存，読み込みが可能となります．

1.3.2　ファイルの暗号化とパスワードの設定

　個人情報を含む重要なファイルは，暗号化して他人がファイルを開けないようにして保存することが可能です．これまでの手順に従って（［ファイル］→［名前を付けて保存］を選択する），「名前を付けて保存」のボックスを表示させて下さい．右下の［ツール（L）］をクリックし，メニューから，［全般オプション（G）］を選択します（図1.33）．「全般オプション」のボックスが開きますので，「読み取りパスワード（O）」「書き込みパスワード（M）」（図1.34）を入力します．読み取りパスワードをRead1，書き込みパスワードをWrite1とします．通常の操作と異なり，大文字・小文字は区別されますので，注意して下さい．「パスワードの確認」のボックスが現れますので，読み込み用，書き込み用のパスワードを再入力します（図1.35）．パスワードを忘れるとファイルを開くことができなくなりますので，注意して下さい．

図1.33　パスワードを設定するには［ツール（L)]→[全般のオプション（G)]を選択する．

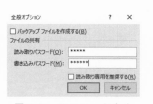

図1.34　パスワードを入力する．パスワードは表示されない．

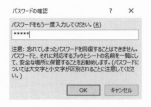

図1.35　読み取り用，書き込み用のパスワードを順に再入力する．

1.3.3　クラウドサービス

　複数のコンピュータ，例えば学校・職場と自宅，で同一のファイルを使って作業を行いたい場合，UBSメモリー等にファイルを保存して持ち運ぶことが一般

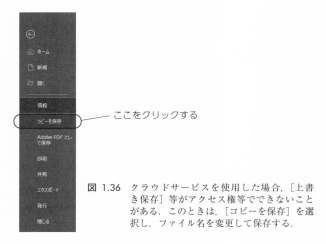

図 1.36 クラウドサービスを使用した場合，［上書き保存］等がアクセス権等でできないことがある．このときは，［コピーを保存］を選択し，ファイル名を変更して保存する．

的でした．しかしながら，必要な情報の入った UBS メモリーを持って来るのを忘れる，さらには，紛失してしまうことがどうしても起こってしまいます．このようなことを防ぐため，Microsoft 社の提供するクラウドサービスを利用することができます．これは，Microsoft 社の保有するサーバーにインターネットを通してファイルを保存しておき，必要な時にコンピュータを問わず，世界中で利用するもので，コンピュータのドライブや USB メモリーと同様にファイルの書き込み，読み込みを行うことができます．筆者は「OneDrive」というサービスを利用しています．このためには，Microsoft 社にアカウントを持つ必要があり，サービスのレベルによって料金等が異なりますので，詳しくは，Microsoft 社のホームページ等を参照して下さい．なお，クラウドサービスを使用する場合，ファイルへのアクセス権の関係で「上書き保存」等の機能が使えなくなる場合があります．この場合は，［ファイル］→［コピーを保存］をクリックして，ファイル名を変更して（例えば，「EX1B」などとする）保存して下さい（図 1.36）．

1.4 データ入力の演習

1. Excel で自己紹介のファイルを作成して下さい．

2. 表 1.1 は，世界の人口の推移です．（United Nations, Demographic Year-book–2017 によっています．）このデータを入力してください．その際，人口は数字データ，その他は文字データとして下さい．セルの幅の調整や罫線等を使って表を見やすくしてください．

表 1.1 世界の主要地域別人口

年	1960年	1970年	1980年	1990年	2000年	2010年	2017年
世界全域	3,033	3,701	4,458	5,331	6,145	6,958	7,550
アフリカ	285	366	480	635	818	1,049	1,256
ラテンアメリカ	221	288	364	446	526	598	646
北部アメリカ	205	231	254	280	313	343	361
アジア	1,700	2,138	2,642	3,221	3,730	4,194	4,504
ヨーロッパ	606	657	694	722	727	737	742
オセアニア	16	20	23	27	31	37	41

単位：100万人（国際連合，Demographic Yearbook, 2017 による）.

　結果は，pop1 というファイル名で保存して下さい．なお，この表は 2，3 章の演習で使用しますので，表題の**表 1.1　世界の主要地域別人口**は，A1 に，地域は A 列に年は 2 行目に，人口のデータは B3 からの範囲に入力して下さい．

2. Excel による表計算

　Excel の最も重要な機能の1つは，表計算機能です．式や関数をうまく使うことによって，複雑な計算や集計を簡単に行うことができます．本章では，Excel の表計算機能の基礎を学習します．

2.1　表の合計の計算

2.1.1　式 の 入 力

　まず，前章で学習した手順に従って Excel を起動させ，A1 から B5 に次のようなデータを入力してください．

1	**6**
2	**7**
3	**8**
4	**9**
5	**10**

　この縦横の行と列合計を計算してみます．まず，C1 に A1 と B1 の合計を計算します．入力モードが英数字入力モードであることを確認してください．A1 と B1 の合計ですので，計算式は A1＋B1 ですが（1＋6 とは入力しないこと），このままでは，文字として扱われてしまいますので，Excel に式であることを認識させるため，＝を付けて**＝A1＋B1** と入力します（図 2.1）．（なお，セル番地の入力は，大文字，小文字のいずれでもかまいません．A1 と a1 は同じです．また，＝，−，＋で始まるものを式と認識して計算を行います．）［Enter］キーを押すと，結果の7が現れます．

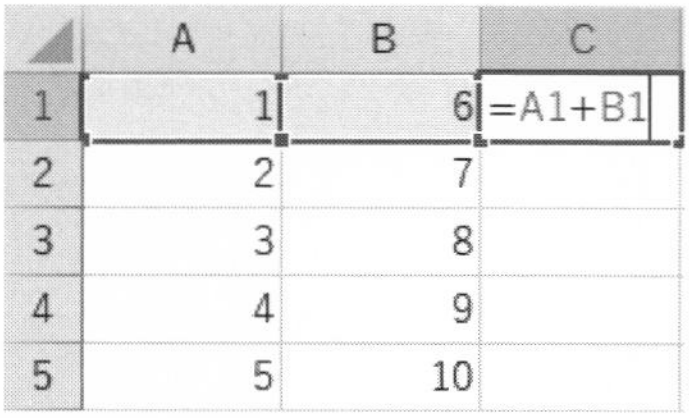

▲	A	B	C
1	1	6	=A1+B1
2	2	7	
3	3	8	
4	4	9	
5	5	10	

図 2.1　C1 に **＝A1＋B1** と入力する．

2.1.2　式の複写と相対セル番地

　同様に，C2 から C5 までに行の合計を計

算してみます. **＝A2＋B2** などと同じような入力を繰り返していくのでは, パソコンを利用している意味があまりありません. この場合, Excel の複写の機能を使うと入力を繰り返すことなく, 合計の計算を行うことができます. アクティブセルを C1 へ移動してください. タブが［ホーム］となっていることを確認してください. マウスを動かして「クリップボード」グループの中から［コピー］を選択します.（［コピー］に矢印をもっていき, マウスの左のボタンをクリックします.）

　すると, C1 の内容が Windows の「クリップボード」と呼ばれるところに一時的に保存されます（図 2.2）. 次に, マウスを操作してマウスポインタを C2 へもっていきます. 左側のボタンを押したまま, マウスを操作して C2 から C5 までをドラッグして指定します. 指定が終わったらボタンを離しますが, C2 から C5 が色が変わって表示されます. 再び, マウスを動かして「クリップボード」グループの中の［貼り付け］を選択します. すると, クリップボードの内容（この場合は C1 の内容）が C2 から C5 までに複写され, すべての行の合計が計算されます（図 2.3）.

　C1 の内容は＝A1＋B1, すなわち, A1 と B1 を足すというものでした. ところが, それを複写した結果は, 例えば, C2 では＝A2＋B2 となっており, 正しくこの行の合計を計算しています. これは, Excel が「相対セル番地」と呼ばれるセルの表示方法を用いているためです.（Excel に限らず一般に表計算ソフトと呼ばれるものすべてがこの方法を用いています.）C1 からみて A1 は左に 2 つ目のセル, B1 は左に 1 つ目のセルです. C1 に**＝A1＋B1** と入力すると, 「そのセルから左に 2 つ目のセルの内容と左に 1 つ目のセルの内容を加える計算を実行せよ」との意味になります. したがって, これをコピーすると, C2 では＝A2＋

コピー

図 2.2 「クリップボード」グループの［コピー］ボタンをクリックすると, アクティブセルまたは指定した範囲の内容が, クリップボードに保存される.

ここをクリックする

図 2.3 「クリップボード」グループの［貼り付け］ボタンをクリックすると, クリップボードの内容が複写される.

B2，C3 では＝A3＋B3 などとなり，行の合計が正しく計算されます．

2.1.3　関数による合計の計算

　次に，縦の列の合計を計算してみましょう．アクティブセルを A6 に移動させてください．今度は 5 つの数字の合計なので，先ほどのように＝**A1＋A2＋A3＋A4＋A5** と入力しているのでは大変です．Excel では合計を計算する関数が用意されています．A6 に＝**SUM(A1：A5)** と入力してください．（セル番地の場合と同様，関数名は大文字，小文字のいずれでもかまいません．）A6 に A1 から A5 までの合計 15 が現れます．B6，C6 に同じく列の合計を計算してみましょう．

行の場合と同じ手順に従って，A6 の内容を B6 と C6 に複写します．相対セル番地が使われていますので，複写によって B 列と C 列の合計 40 と 55 を求めることができます（図 2.4）．

　なお，合計を求める SUM のようにデータの集計や統計処理に使うことのできる主な関数は，次のとおりです．

	A	B	C	D	E
1	1	6	7		
2	2	7	9		
3	3	8	11		
4	4	9	13		
5	5	10	15		
6	=SUM(A1:A5)				

A6　　×　✓　*fx*　=SUM(A1:A5)

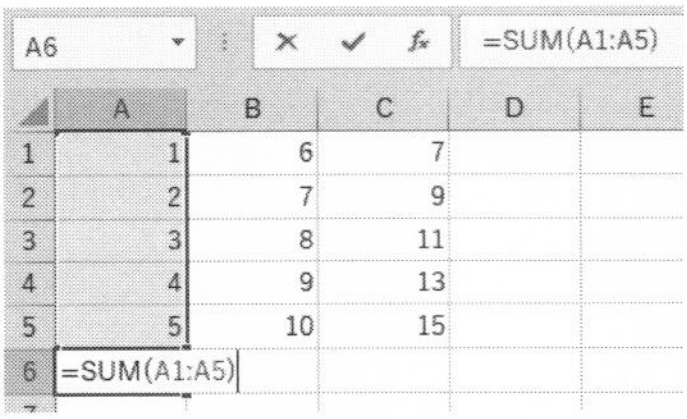

図 2.4　関数によって合計が簡単に計算できる．

AVERAGE(範囲)	平均を求める．
CORREL(範囲 1, 範囲 2)	相関係数を求める．
COUNT(範囲)	数値の入ったセルの数を求める．
COUNTA(範囲)	空白でないセルの数を求める．
COVAR(範囲 1, 範囲 2)	共分散を求める．
MAX(範囲)	最大値を求める．
MEDIAN(範囲)	中央値を求める．
MIN(範囲)	最小値を求める．
QUARTILE(範囲, 数値)	数値で指定された四分位点を求める．
STDEV(範囲)	標本の標準偏差を求める．
STDEVP(範囲)	母集団の標準偏差を求める．
VAR(範囲)	標本の分散を求める．
VARP(範囲)	母集団の分散を求める．

2.2 割合の計算と絶対セル番地

2.2.1 総計に対する割合

　総計の 55 に対する割合を求めてみます．アクティブセルを A11 へ移動してください．今度はセル番地をキーボードから入力しない方法で式を入力します．＝とだけタイプして，それ以外は何も入力しないでください．マウスポインタをA1 まで移動させてクリックすると，A11 に「A1」が現れ，A11 の内容が**＝A1** となります．次に，割り算記号の **/** をタイプします．A11 の内容が**＝A1/** となりますので，マウスポインタを C6 まで移動させクリックし，[Enter] キーを押します．A11 には，**＝A1/C6** が入力され，総計 C6 に対する A1 の割合が計算されます．式をマウスを使って入力する方法は，表が大きくなった場合や，離れたところで計算を行う場合に便利です．

　なお，関数にもこの方式を使うことができます．A1 から B5 までの 10 個のセルの合計を求める場合は，**＝SUM(** までタイプし，マウスポインタを A1 まで移動させ，ドラッグして（左側のボタンを押したままマウスを移動させます），A1から B5 まで指定し，その後に) を入力します．セルに**＝SUM(A1：B5)** と入力され，[Enter] キーを押すと合計の 55 が計算されます．

　次に，6 行×3 列の表全体について，割合を計算してみます．Excel は相対セル番地を使っていますので，先ほどの手順で A11 の内容を複写したのでは答えを求めることができません．（A11 の内容を複写すると他のセルでは 0 で割ったことになり，エラーが起きてしまいます．）

　このような場合，「絶対セル番地」と呼ばれるセル番地を固定する指定法を用います．＝A1/C6 の計算では，分母の C6 のほうはすべての計算において同一である必要があります．A11 をマウスでダブルクリックして内容を変更し，C6 を**$C$6** と変更してください．列のアルファベットや行の数字の前に **$** を加えることによって，セル番地が固定されます．すなわち，$C$6 は，右に 2 つ上に 5 つ移動したセルを指すのではなく（A11 にただ単に C6 と入力すると，相対セル番地ですので，この意味になります），常に C6 を意味することになります．

　＝A1/$C$6 となりましたら，[Enter] キーを押してください．現れる数字は前と変わりませんが，これを複写してみます．まず，マウスを使って A11 の内容をクリップボードに登録します．次に A11 から C16 までの 6×3 の範囲のセルをドラッグして指定し（左のボタンを押したまま，マウスを A11 から C16 まで

移動させます），「クリップボード」グループから［貼り付け］を選択します．分子の方はセル番地が変わりますが，分母の方は固定され，表全体について正しい結果を求めることができます．わかりやすくするために，これを小数点以下1桁のパーセント表示にしてみてください．

2.2.2　行の合計に対する割合

行の合計に対する各セルの割合を求めてみます．A1 のその行の合計 C1 に対する割合，すなわち，=**A1/C1** を F1 に入力します．総計に対する場合と同様に，このまま複写したのでは，正しい結果を求めることはできません．行の合計に対する割合ですので，2行目以後の分母は C2，C3，…となり，行の番号は変化しますが，列のアルファベットは一定で固定されています．このような場合，F1 の内容を変更して，相対セル番地と絶対セル番地を組み合わせて=**A1/$C1** とします．複写を行うと，$C1 は，列は C 列で固定されて変化しませんが，行を表す数字はセルの位置に従って，相対的に変化します．F1 を F1 から H6 までに複写すると，行の合計に対する割合が計算されます．みやすくするため，小数点以下1桁のパーセント表示にします．正しく操作を行っていれば，H 列は 100.0% となります（図2.5）．

2.2.3　列の合計に対する割合

今度は，列の合計に対する割合を求めてみましょう．F11 に，A1 のその列の合計 A6 に対する割合を求めます．今回は列の合計が第6行に固定されています．

	A	B	C	D	E	F	G	H
1	1	6	7			14.3%	85.7%	100.0%
2	2	7	9			22.2%	77.8%	100.0%
3	3	8	11			27.3%	72.7%	100.0%
4	4	9	13		=**A1/$C1**	30.8%	69.2%	100.0%
5	5	10	15			33.3%	66.7%	100.0%
6	15	40	55			27.3%	72.7%	100.0%
7								
8								
9		=**A1/$C$6**					=**A1/A$6**	
10								
11	1.8%	10.9%	12.7%			6.7%	15.0%	12.7%
12	3.6%	12.7%	16.4%			13.3%	17.5%	16.4%
13	5.5%	14.5%	20.0%			20.0%	20.0%	20.0%
14	7.3%	16.4%	23.6%			26.7%	22.5%	23.6%
15	9.1%	18.2%	27.3%			33.3%	25.0%	27.3%
16	27.3%	72.7%	100.0%			100.0%	100.0%	100.0%

図 2.5　各セルに「相対セル番地」と「絶対セル番地」を使った式を入力し，それを表全体に複写する．

したがって，分母の行が固定されるように＝**A1/A\$6**と入力し，それをF11から
H16まで複写すると，列の合計に対する割合を求めることができます．みやすく
するため，小数点以下1桁のパーセント表示にしてください．

2.3 罫線を引く

今までに，4つの表をつくりましたが，これらをみやすくするために罫線を引
いてみます．まず，A1からC6の表に罫線を引いてみます．この表範囲をドラッ
グして指定します．

次に，「フォント」グループの［罫線］のボタンの右側の下向きの矢印［∨］
をクリックします（図2.6）．罫線のメニューが現れるので，［格子（A）］をマウ
スでクリックすると，指定した範囲に罫線が引かれます．罫線を消したい場合
は，［罫線］のメニューの中から［枠なし
（N）］を選択します（図2.7）．また，点
線，破線，太線などを使いたい場合は，
［罫線］のメニューの中から［線のスタイ
ル（Y）］を選択し，目的の線の種類をク
リックし，上記の操作を行います（図
2.8）．他の3つの表で試してみてくださ
い．

ここをクリックする

図2.6 罫線を引くには，表の範囲を指定し，
「フォント」グループの［罫線］ボ
タンの右側の下向きの矢印［∨］
をクリックする．

2.4 表の値の複写

今計算した割合の表を，ワークシートの別の場所に複写してみます．割合の計
算に相対セル番地が使われていますので，このまま複写したのでは，正しく表の
値を複写することはできません．総計に対する割合の表（A11からC16までの
表）を複写してみましょう．まず，マウスを使って表の範囲A11からC16まで
をドラッグして指定してください．次に，今までの複写と同様に，［コピー］を
クリックしてこれをクリップボードに登録します．

次に，アクティブセルを複写したい場所，例えば，A21へ移動させます．（6
行3列の表を複写しますが，先頭のセルだけを指定します．これは複数のセルを
コピーする場合，同様です．）［貼り付け］ボタン下側の下向きの矢印［∨］をク
リックします（図2.9）．［貼り付け］のメニューが現れるので，［形式を選択し
て貼り付け（S）］を選択します（図2.10）．「形式を選択して貼り付け」のボッ

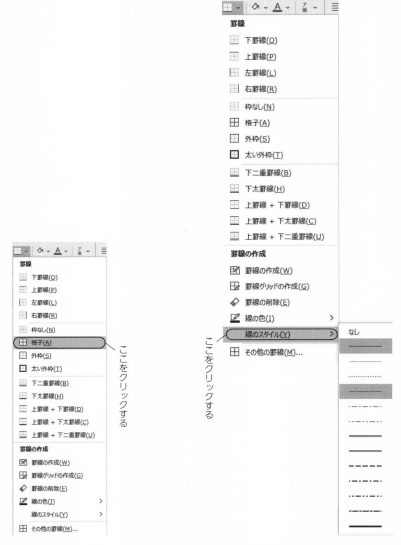

図 2.7 ［罫線］のメニューが現れるので，［格子（A）］を選択する．罫線を消すには，すぐ上の［枠なし（N）］をクリックする．

図 2.8 罫線の種類を変更したい場合は，［罫線］のメニューの中から［線のスタイル（Y）］を選択し，目的の線の種類をクリックする．

クスが現れるので，マウスを使って［値（V）］を選択し，最後に［OK］をクリックすると，式ではなく計算された結果の数値が複写されます（図 2.11）．

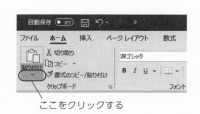

ここをクリックする

図 2.9 数値を複写するには，[貼り付け] ボタン下側の下向きの矢印 [∨] をクリックする.

ここをクリックする

図 2.10 [貼り付け] のメニューが現れるので，[形式を選択して貼り付け (S)] を選択する.

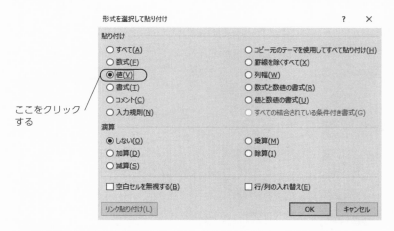

ここをクリックする

図 2.11 [値 (V)] を選択して [OK] をクリックすると，数値が複写される.

　なお，このままでは，罫線や数字の表示形式（この場合は小数点以下1桁のパーセント表示）などの書式は複写されません．書式を複写するには，数値の場合と同様に，[貼り付け] ボタン下側の下向きの矢印 [∨]→[形式を選択して貼り付け (S)] を選択しますが，今度は [値 (V)] の代わりに [書式 (T)] を選択し，[OK] のボタンをクリックします．では，他の割合の表をワークシートの適当な場所に複写してください．

2.5　指定した範囲の印刷

　今までに作成した表を印刷してみましょう．プリンターが印刷可能な状態に
なっているかどうかを確認してください．次に，印刷したい表（例えば，総計に
対する割合の表の A11 から C16 まで）をマウスによって指定します．［ファイル］
タブをクリックし，そのメニューから［印刷］を選びます（図2.12）．正しいプ
リンターが選択されているかどうかを確認してください．プリンターが正しくな
い場合は，「プリンター」の下の右側の下向きの矢印［▼］をクリックすると，
プリンターの一覧が表示されるので，適当なものを選択します．このまま［印
刷］を選択するとワークシート全体の内容が印刷されてしまいますので，「設定」
の下の［作業中のシートを印刷］の右側の矢印［▼］をクリックし，［選択した
部分を印刷］を選択します（図2.13）．

　このままでも一応印刷可能ですが，用紙の大きさ，上下左右の余白，ヘッダー
/フッター（用紙の上下に現れる文字やページ番号）を調節したい場合は，［戻
る］ボタン⊖をクリックして（図2.13），いったん入力の状態に戻ります．リボ

図2.12　印刷する部分を
指定し，［ファイ
ル］→［印刷］を
クリックする．

図2.13　正しいプリンターが選択されていることを確認し，「設
定」の下の［作業中のシートを印刷］の右側の下向矢印
をクリックする．［選択した部分を印刷］を選択し，［印刷］
をクリックすると印刷される．印刷を中止して，ワーク
シートに戻る場合は［戻る］ボタン⊖をクリックする．

ン上部の［ページレイアウト］タブをクリックします．リボンの表示が［ページ
レイアウト］タブのものに変わりますので，「ページ設定」グループから［余白］
を選択します（図2.14）．［余白］のメニューから［ユーザー設定の余白（A）］
を選択します（図2.15）．「ページ設定」のボックスが現れるので，必要な変更
を加えます．例えば，ヘッダー/フッターを変更する場合，ボックス上部の［ヘッ
ダー/フッター］をクリックし，そのメニューの中から適当なヘッダーとフッ
ターを選択し，変更を行います（図2.16）．作業終了後は，［ホーム］タブをク
リックして，タブを［ホーム］としておいてください．

　先ほど説明した手順に従って，適当な表を印刷してみてください．Excel によ

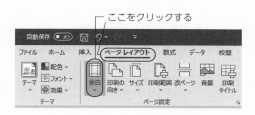

図 2.14 ヘッダー/フッターの変更などページ
設定を行うには，［ページレイアウト］
タブをクリックし［余白］を選択する．

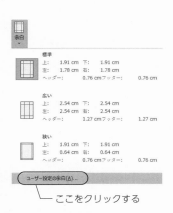

図 2.15 ［余白］のメニューが現れる
ので，［ユーザー設定の余白
（A）］を選択する．

図 2.16 ［ページ設定］のボックスが現れるので，必要な
変更を加える．例えば，ヘッダー/フッターを変
更する場合，ボックス上部の［ヘッダー/フッター］
をクリックし，そのメニューの中から適当なヘッ
ダーとフッターを選択して，変更を行う．

る表計算の基本的な操作を学習しましたが，このファイルを **EX2** として保存してください．

2.6　地域別人口割合・人口増加率の計算の演習

2.6.1　人口割合の計算

　ここでは，前章の表 1.1 で入力した人口データを使って，地域別の人口の割合および人口増加率を計算します．まず，［ファイル］→［閉じる］を選択し，現在の作業を終了します．この操作を行うと現在の作業内容が消去され，なくなってしまいますので，必要なものは必ず保存してください．（すでに述べたように，Excel では，作業の単位をブックと呼びます．ウィンドウの切り替えによって複数ブックを同時に使うことが可能ですが，ここでは，混乱を避けるためブックは1つだけを使うものとします．）次に，前章で述べた手順に従って，前章で作成した人口データの入ったファイルを呼び出してください．

　K1 から人口の割合の表をつくってみましょう．まず，K1 に **表 2　地域別の人口割合の推移** と入力してください．地域名を K3 を起点とする場所へ複写します．（もとの表の A3:A9 地域名の範囲をマウスで指定し，クリップボードに登録し，次にアクティブセルを K3 に移動させ，「クリップボード」グループの［貼り付け］を選択します．）次に，1960 年から 2017 年までの年を L2 を起点とする場所へ複写します．

　人口の割合は地域人口/世界人口で，分母の世界人口は同一の年に対しては同じですので，相対セル番地と絶対セル番地を組み合わせて L3 に＝**B3/B\$3** と入力します．これを表全体に複写すると地域別の人口の割合をすべての年について一度に求めることができます．

　計算が終了しましたら，表がみやすくなるように，表示を小数点以下 1 桁のパーセント表示とし，罫線で囲んで印刷してください．

2.6.2　人口増加率の計算

　次に，年あたりの人口増加率を計算してください．基準年の人口を P0，t 年後の人口を P_t，年あたりの人口増加率を r とすると，

　(2.1)　　　　　　　　　　　　　$P_t = P_0 \cdot (1+r)^t$

ですから，人口増加率 r は，

　(2.2)　　　　　　　　　　　　　$r = (P_t/P_0)^{1/t} - 1$

となります．

　今度は，A21 からの場所に人口増加率を計算してみます．A21 に **表 3　地域別の人口増加率の推移** と入力してください．A23 を起点として地域名を複写してください．B 列には，1960〜2017 年の人口増加率を計算しますので，B22 に 1960 と入力します．同様に C22 から H22 に **1960, 1970, 1980, 1990, 2000, 2010, 2017** と数字を入力してください．

　(2.2) 式を使って，人口増加率を計算しますが，t は基準年と最終年が決まれば地域によらず一定ですので，割合の計算の場合と同様に相対セル番地と絶対セル番地を組み合わせて使います．B23 に **＝(C3/B3)^(1/(C\$22−B\$22))−1** と入力して，これを G 列までの表全体に複写してください．B 列から G 列にはそれぞれ，1960-1970，1970-1980，1980-1990，1990-2000，2000-2010，2010-2017，の人口増加率が計算されます．

　ところで，基準年と最終年との差を示す 22 行は，1960〜2017 と表示されています．このままでは，具体的に何年から何年までの人口増加率かがわかりませんので，1960-1970 というように書き改める必要があります．1960 といった数字は計算に使われていますので，ただ単に書き改めたのでは計算結果が変わってしまいます．そのためには，まず，先ほど学習した「値複写」の機能を使い，式の部分を数値に改めます．（複写元と複写先は同一でワークシートの表示は変化しませんが，セルの内容は式から数値に改まります．）その後に 1960 を 1960-1970 といったように変更します．人口増加率を小数点以下 2 桁のパーセント表示にして，罫線で囲んで，みやすくしたものを印刷してください．

　なお，余分なセルに計算式を複写してしまった場合などは，ドラッグしてその範囲を指定し，［Delete］キーを押して消去してください．

　作業が終了しましたら，ファイルを保存することを忘れないでください．

3. グラフの作成

Excel では，データに基づいて各種のグラフを簡単に作成することができます．ここでは，その基本的な操作を学習し，いくつかの種類のグラフをつくってみます．

3.1 棒グラフの作成

3.1.1 簡単な棒グラフの作成

Excel を起動させ，A1 から B5 に次のようなデータを入力してください．

年度	民間消費
2000 年度	287
2010 年度	288
2013 年度	300
2017 年度	304

このデータは，日本の民間最終消費支出（兆円，名目値，内閣府社会経済研究所統計表一覧（2018 年 4-6 月期 2 次速報値）国内総生産及び各需要項目による）の推移ですが，これを横軸（X 軸）に「年度」をとって棒グラフにしてみます．まず，マウスを使って，データのある A1 から B5 までの範囲をドラッグして指定します．次に，マウスを動かして［挿入］タブをクリックします．リボンの表示が［挿入］タブのものに変更されますが，「グラフ」グループの［棒グラフ］を選択します（図 3.1）．［棒グラフ］のメニューが現れますので，「2-D 棒グラフ」の［集合棒グラフ］をクリックします（図 3.2）．棒グラフが表示され，リボンがグラフ編集用のものに変わり，［グラフのデザイン］，［書式］の 2 つのタブが新たに現れ，このうち，［グラフのデザイン］タブが選択されている状態となります．（これらのタブは通常は表示されず，グラフの編集を行うときに表示されます．）また，グラフは 8 つの点（○）をともなう線で囲まれたアクティブな状態となっています．

図 3.1 データの範囲を指定し，［挿入］タブ→「グラフ」グループの［棒グラフ］を選択する．

Excel では，グラフの位置が自動的に決められます．表示位置が適当でない場合はグラフの何もないところをドラッグしてグラフを移動してください．（表示のあるところをドラッグすると，その部分が移動してしまいます．）このままではグラフが小さすぎてみにくいので，これを大きくします．マウスを動かしてマウスポインタの矢印をグラフ右下の角の点のところへもっていきます．すると，矢印が斜め方向の両向きの矢印に変化します．左側のボタンを押したままマウスを動かしてドラッグするとグラフの大きさが変化しますので，みやすい適当な大

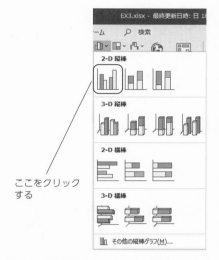

図 3.2 ［棒グラフ］のメニューが現れるので，「2-D 棒グラフ」の［集合棒グラフ］をクリックする．

きさにしたところでボタンを離し，グラフの大きさを変化させます（図3.3）．

さらにグラフ内の図形の部分をクリックして，図形が8つの点で囲まれた状態にします．四隅の点をドラッグして図形の大きさを変更します（図3.4）．

グラフのタイトルの変更，軸ラベルの挿入を次の手順で行ってください．（グラフが点で囲まれたアクティブな状態で，グラフが編集可能となっていることを確認してください．なっていない場合は，グラフをクリックしてください．）

ⅰ）　マウスを動かしてマウスポインタの矢印を「民間消費」と表示されたグラフタイトルのところに動かし，クリックします．タイトルが四角で囲ま

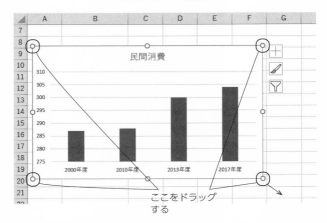

図 3.3 表示位置が適当でない場合は，グラフの四隅の点をドラッグ
してグラフの大きさを変更する.

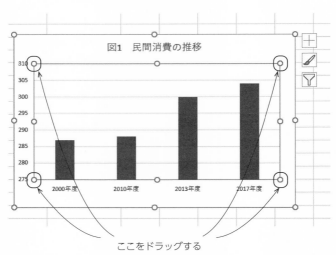

図 3.4 グラフ内の図形の内部をクリックすると，図形が点（○）で
囲まれた状態となる．四隅の点をドラッグすることにより，
図形の大きさの変更が可能となる.

れて，タイトルの変更が可能となりますので，**図 1　民間消費の推移**と入
力します（図 3.5）.

ⅱ）　横軸のラベルを入力します．グラフツールの［書式］タブをクリックし
ます．リボンの表示が変更されますので，「図形の挿入」グループの［テキ
ストボックス］のボタンをクリックします（図 3.6）.　図形の下側でドラッ

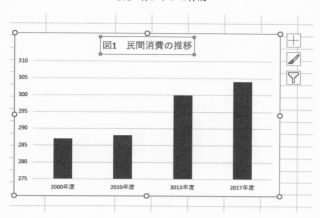

図 3.5　マウスポインタをタイトルのところへ動かし，クリックする．タイトルが線で囲まれ，変更可能となるので，**図 1　民間消費の推移**とする．

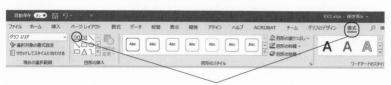

ここをクリックする

図 3.6　グラフツールの［書式］をクリックする．リボンの表示が変更されるので「図形の挿入」グループから［テキストボックス］をクリックする．

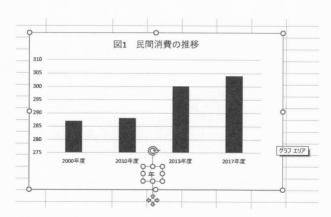

図 3.7　図形の下側でドラッグし，適当な大きさのテキストボックスを挿入し，**年**と入力する．

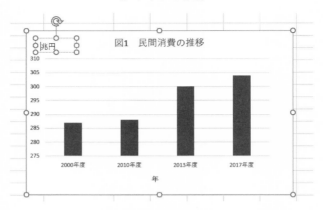

図 3.8　テキストボックスを挿入し，縦軸のラベルを兆円とする．

グし，適当な大きさのテキストボックスを挿入し，テキストボックスに**年**と入力します（図3.7）．

iii）　同様に，縦軸の「テキストボックス」を挿入します．表示を**兆円**とします（図3.8）．

ここをクリックする

図 3.9　マウスポインタをタイトルのところへ移動して，クリックする．タイトルが四角で囲まれるので，［ホーム］タブ→（「フォント」グループの）［フォントサイズ］のボタンをクリックし，フォントのサイズを **12** などとする．

このままでは，グラフのタイトル，縦軸・横軸の軸ラベルや凡例などの文字が，大きすぎたり小さすぎたりしますので，これを変更してみます．マウスポインタをタイトルの「図1　民間消費の推移」のところへ移動して，クリックしてください．タイトルが四角で囲まれますので，［ホーム］タブをクリックします．「フォント」グループの［フォントサイズ］のボタンをクリックし，フォントのサイズを **12** などとしてください．（フォントのサイズが大きいほど表示が大きくなります．）同様の手順で横軸・縦軸の軸ラベル，横軸・縦軸の目盛り，凡例の文字の大きさを変更することができますので，適当なフォントサイズを選んで，グラフをみやすいように修正してみてください（図3.9）．

以上で棒グラフが完成しましたので，グラ

フ作成のモードを終了します．マウスを使ってマウスポインタをグラフ以外のところへ移動し，クリックすると，通常の入力のモードに戻ります．また，さらにグラフの修正・変更を行いたい場合は，グラフをクリックして（周囲を点で囲まれた）アクティブな状態とします．（リボンがグラフ編集用のものとなります．）

3.1.2 グラフの印刷

a. グラフのみの印刷

作成したグラフを印刷してみます．グラフをクリックしてアクティブな状態にしてください．印刷を行いますので，［ファイル］→［印刷］を選択します（図3.10）．印刷のボックスが現れますが，正しいプリンターが選択されているかどうかを確認します．（正しくない場合はプリンターの下のボックスの右側の下向きの矢印［▼］をクリックして，正しいプリンターの選択を行います．）［選択したグラフを印刷］が選択されていることを確認してください．［印刷］をクリッ

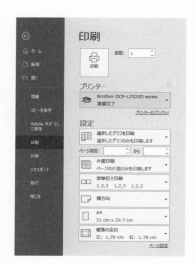

図 3.10 ［ファイル］→［印刷］をクリックする．正しいプリンターが選択されているがどうか，［選択をしたグラフを印刷］が選択されていることを確認し，［印刷］をクリックする．

図 3.11 ［スタート］→［Word］をクリックし，Word を起動させる．

クするとグラフの印刷が開始されます（図3.10）.

b. Wordへの貼り付け

　前項では，グラフのみを印刷しましたが，グラフだけでなく，表とグラフを並べて1枚の紙に同時に印刷したい，また，作成した表やグラフをレポートの一部として利用したいことなどがしばしば起こります．このような場合は，作成した表やグラフをWordに貼り付けて印刷するのが便利です．（Excelはワードプロセッサではありませんので，レポートの作成時などはWordのほうが便利です．Wordは，Office 365を使うものとします.）［スタート］→［Word］をクリックしてWordを起動してください（図3.11）.（Excelは起動したままにしておいてください.）

　表をWordに貼り付けます．画面下側の［Excelのアイコン▣］の表示をクリックすると，WordからExcelに画面が変わります．タブが［ホーム］となっていることを確認してください．表の範囲（A1からB5）をドラッグして指定し，［コピー］ボタンをクリックしてその内容をクリップボードに登録します．画面下側のWordのアイコン▣の表示をクリックすると，今度はWordに画面が変わります．リボンの［クリップボード］グループの［貼り付け］ボタンをクリックすると，Wordに表が複写されます．（この操作はExcelと同一です.）再び▣をクリックしてExcelに戻り，作成した棒グラフをクリックして（周囲を点で囲まれた）アクティブな状態とします．［コピー］ボタンをクリックすると，グラフがクリップボードに登録されます．Wordに切り替えて，［貼り付け］ボタンをクリックすると，作成したグラフがWordに複写されます．なお，Word上でもグラフをクリックしてアクティブな状態とし，右下の部分をドラッグすることによってグラフの大きさを変更することが可能ですので，図の大きさが適当でない場合は変更してください（図3.13）.Wordでの印刷，ファイルの保存，作業の終了はExcelでの操作と同様ですので，印刷を行い，適当な名前を付けて作成したファイルを保存してください.

Word→Excel　Excel→Word

図 3.12　画面下側の▣,▣をクリックするとExcelと
　　　　　Wordの表示が変更される.

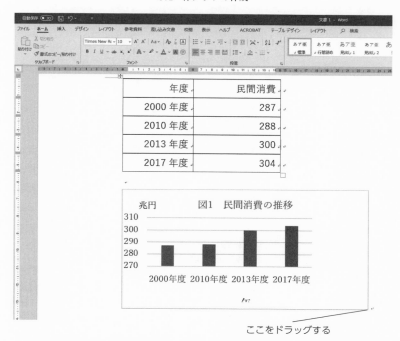

ここをドラッグする

図 3.13 Word に画面を切り替えて，「貼り付け」ボタンをクリックすると，作成した表や図を Word に複写することが出来る．Word 上でもグラフの大きさを変更することが出来る．

3.1.3 複数のデータを使った棒グラフ

次に，複数のデータを使った棒グラフを書いてみます．C 列に次のデータを入力してください．

政府消費

90

98

102

108

これは，2000〜2017 年の政府最終消費支出（兆円，名目値，内閣府社会経済総合研究所による）のデータです．民間消費のデータと並べた棒グラフをつくってみましょう．マウスを使ってデータの範囲（A1 から C5 まで）をドラッグして指定します．次に［挿入］タブをクリックし，「グラフ」のグループから［棒グラフ］を選択します．［棒グラフ］のメニューが現れますので，先ほどと同様，

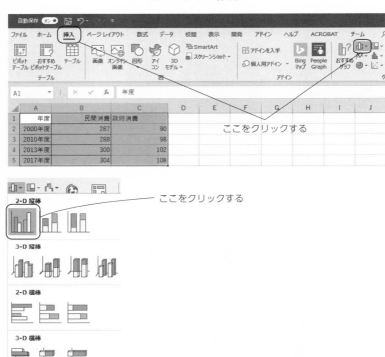

図 3.14　データの範囲をドラッグして指定し，[挿入]→
　　　　　[棒グラフ]→[集合縦棒] をクリックする．

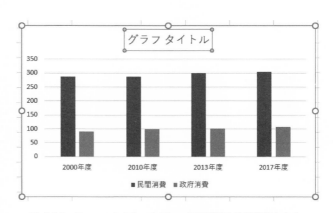

図 3.15　グラフのタイトルを 図2　民間消費と政府消費とする．

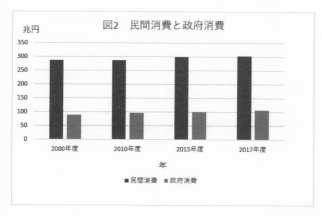

図 3.16 2つのデータがある場合のグラフ

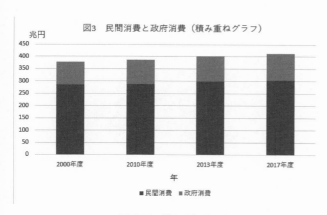

図 3.18 積み重ねグラフ

図 3.17 ［挿 入］→［棒 グ ラフ］→［積み上 げ縦棒］を選択 する.

「2-D 縦棒」の［集合縦棒］を選択します（図3.14）. 今度は，民間消費と政府消費が並んだ棒グラフが現れます.「グラフのタイトル」を**図2　民間消費と政府消費**とします（図3.15, 3.16）. さらに，軸ラベルを加え，適当な位置へ移動し，みやすい大きさに変更してグラフを完成させてください.

　次に，このデータを積み重ねグラフにしてみましょう. データの範囲を指定し，［挿入］タブで［棒グラフ］を選択します. 縦棒グラフの種類から［積み上げ縦棒］を選択してください（図3.17）. グラフのタイトルを**図3　民間消費と政府消費（積み重ねグラフ）**として積み重ねグラフをつくってください（図3.18）.

3.1.4　連続しないデータを使ったグラフの作成

政府消費だけの棒グラフをつくってみます．横軸（X軸）は年のデータを使いますが，年のデータはA列で政府支出のデータはC列ですので，連続していません．このような場合，次の操作を行うことによって，データの範囲を指定することができます．まず，マウスを使ってA列の年のデータをドラッグして指定します．次に，矢印をC1へ移動させ，[Ctrl]キーを押しながら，マウスを使ってCの列のデータを指定します（図3.19）．この操作によって，2つの離れたデータの指定が可能となります．離れた行のデータや3つ以上の離れたデータの指定も同様に行うことができます．では，グラフのタイトルを図**4**　政府消費の推移として，棒グラフをつくってください．

図 3.19　連続していないデータを
　　　　　指定する場合は，第一の
　　　　　データを指定した後，
　　　　　[Ctrl]キーを押しながら，
　　　　　第二のデータをドラッグ
　　　　　して指定する．

3.2　複数のワークシートの使用

これから他の種類のグラフをつくってみますが，今までにグラフを4つつくりましたので，このワークシートに新たにグラフをつくるとグラフの数が多くなりすぎ，かなりみにくくなってしまいます．そこで，以後のグラフと別のワークシートにつくってみます．

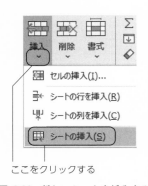

ここをクリックする

図 3.20　新しいシートを挿入する
　　　　　には，[ホーム]タブの「挿
　　　　　入」の下側の下向の矢印
　　　　　[∨]をクリックし，メ
　　　　　ニューから［シートの挿
　　　　　入(S)］をクリックする．

通常の複写の場合と同様に，データの範囲（A1からC5）までを［ホーム］タブの［コピー］をクリックしてクリップボードに登録します．［ホーム］タブ中の「セル」グループの［挿入］の下側の下向きの矢印［∨］へもっていき，左側のボタンをクリックします．［挿入］のメニューが現れますので，［シートの挿入(S)］を選択してワークシート［Sheet 2］を挿入します（図3.20）．（ワークシートの挿入は［挿入］タブでなく，［ホーム]タブで行いますので注意してください．）シートがSheet 2に変わりますので，A1にクリップボードの内容を複写します．Sheet 1に戻りたい場合は，［Sheet1］をクリックします（図

クリックする

図 3.21　シートの変更は画面左下の［Sheet 1］,
　　　　　［Sheet 2］ ををクリックする.

3.21).　3つ以上のシートを使用するには「シートの挿入」の操作を繰返します.

3.3　円グラフ・線グラフの作成

3.3.1　円グラフの作成

　Sheet 2 に，2000 年度の民間消費と政府
消費の円グラフをつくってみましょう.
B1 から C2 までをデータの範囲として指
定します.［挿入］タブ選択し,「グラフ」
グループの［円］ボタンをクリックし,「2
-D 円」の［円グラフ］を選択します（図
3.22).　グラフのタイトルを**図 5　民間消
費と政府消費の割合**としてグラフを作成し
ます.　グラフを適当な位置に移動し，みや
すいように編集してください.

　次に，政府支出の部分を抜き出してみま
しょう.　グラフをクリックして周囲を点で
囲まれているアクティブの状態にしてくだ
さい.　マウスを使ってマウスポインタの矢
印を円グラフの政府支出内側へもってきま

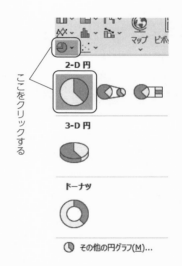

ここをクリックする

2-D 円

3-D 円

ドーナツ

その他の円グラフ(M)...

図 3.22　［挿入］タブの「グラフ」グルー
　　　　　プから［円］→［円グラフ］を選
　　　　　択する.

す.　左側のボタンを1回クリックしてください.　すると，円グラフの中心および
外周上に丸い点が3個現れますので，マウスを使って政府消費の部分の内部にマ
ウスポインタの矢印をもっていきます.　マウスの左側のボタンをもう1回クリッ
クすると政府消費の部分の移動が可能となりますので，マウスポインタを円グラ
フの外側へドラッグして少し移動させます.　ボタンを離すと，政府支出の部分が
抜き出されます（図3.23).　もとに戻したい場合は，逆にマウスポインタをボタ
ンを押したまま内側へ移動させます.

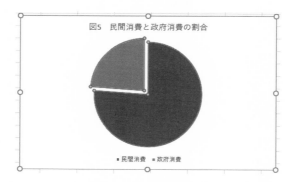

図 3.23　円グラフの内側へマウスポインタを移動し，クリックする．さ
　　　　らにマウスポインタを政府支出内部に移動し，もう 1 回クリッ
　　　　クする．マウスドラッグするとその部分が移動し，抜き出される．

3.3.2　折れ線グラフの作成

　今度は折れ線グラフをつくってみます．年と民間消費のデータ（A1 から B5
まで）をデータの範囲として指定します．今までと同様に［挿入］タブをクリッ
クします．「グラフ」グループから［折れ線］を選択し，その中から「2-D 折れ
線」の［マーカー付き折れ線グラフ］を選びます（図 3.24）．グラフのタイトル
を**図 6　民間消費の推移**として，棒グラフの場合と同様に，横軸を**年**，縦軸を**兆
円**とします．グラフを適当な位置に移動し，みやすいように編集してください．

　複数のデータを同じグラフ内に表したい場合は，棒グラフの場合と同様に複数
のデータのある範囲（例えば，A1 から C5）を指定します．

図 3.24　［挿入］タブの「グラフ」グループから［折れ線］
　　　　→「2-D 折れ線」の［マーカー付き折れ線グラフ］
　　　　を選択する．

3.4　散布図（X-Y グラフ）の作成

　線グラフでは，データの点が順番に等間隔で現れます．しかし，データをみて
みると，等間隔ではありません．このように等間隔に並んでいないデータや，順
番に並んでいないデータなどを表す場合には，散布図（X-Y グラフ）を使います．
　他のグラフと異なり，このグラフでは横軸にも数字データを入力する必要があ

ります（図 3.25）．まず，データ（A1 から
C5 まで）を A11 へ［コピー］してください．
次に，年のデータが **2000 年度**などとなって
いますが，これを **2000** というように数字
データに全部入力し直してください．年と民
間消費（A11 から B15 まで）をデータの範
囲として指定し，［挿入］タブをクリックし
ます．「グラフ」のグループから［散布図］
を選択し，その中から［散布図（直線とマー
カー）］を選び，線グラフの場合と同様に適
当なタイトル，横軸・縦軸の軸ラベルを入
れ，グラフを適当な位置に移動し，みやすい
ように編集してください（図 3.26）．複数の
データを同じグラフ内に表したい場合は，棒
グラフや線グラフの場合と同様に複数のデー
タのある範囲を指定します．

11	A	B	C
	年度	民間消費	政府消費
12	2000	287	90
13	2010	288	98
14	2013	300	102
15	2017	304	108

図 3.25 散布図（X-Y グラフ）の場合は
横軸（X 軸）にも数値データを
入力する．

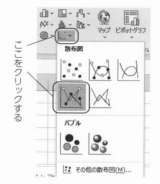

ここをクリックする

図 3.26 ［挿入］タブの「グラフ」グルー
プから「散布図」→［散布図（直
線とマーカー）］を選択する．

　以上でグラフの作成の基本的な操作の説明
を終了しますので，**EX3** というファイル名
を付けて保存して作業を終了してください．

3.5　世界人口のデータを使ったグラフの作成

　ここでは，世界人口のデータ（表 1.1）を使っていろいろなグラフをつくって
みましょう．人口のデータの入っているファイル（pop1）を呼び出して，次の
ようなグラフをつくってください．グラフの数が多くなりますので，複数のワー
クシートをうまく使ってください．

1. 世界人口の推移の棒グラフ．
2. アジアとアフリカの人口を 2 つ並べた棒グラフ．
3. 各地域の人口の積み重ねグラフ．
4. 1960 年と 2017 年の各地域の人口の円グラフ．
5. 4 の円グラフでアフリカの部分を抜き出したグラフ．
6. アジア各地域の人口増加率を 1 つにまとめた線グラフ．
7. アジア各地域の人口の推移を 1 つにまとめた散布図（X-Y グラフ）．

4. 大量のデータの入力

4.1 国別人口データの入力

　表 4.1 は，世界主要国の 2020 年および 2070 年の人口（単位 1,000 人），面積（1,000 km²），2017 年の 1 人あたり GDP（米国ドル）のデータです（ただし，ベネズエラは 2014 年）．人口・面積は国際連合のデータ（United Nations, "World Population Prospects: The 2017 Revision" の中位推計および Demographic Year-book-2017）から，1 人あたり GDP は世界銀行のデータ（World Bank, "World Development Indicators: 2019/4/24"）からのものです．

　以後，このデータを使って演習を行いますので，データを Excel に入力してみます．この表のような大量のデータを扱う場合，モニターの 1 画面にすべてのデータが入りませんので，普通に入力したのでは正しいデータの位置がわかりにくくなり，間違いを起こしやすくなります．このような場合，Excel の「埋め込み」と列・行の見出しを固定する機能を使って入力を行います．

　まず，A1 から G1 まで順にデータの項目として **番号，国名，地域，一人当 GDP，面積，2020 年人口，2070 年人口** と入力してください．後の作業をスムーズに行うために表題の「表 4.1　国別人口のデータ」は入力しないで下さい．データによって必要な列の幅が異なりますので，列の幅を「番号」の列を **6**，「国名」の列を **20**，「地域」，「一人当 GDP」，「2020 年人口」，「2070 年人口」の 4 列を **12** へ変更してください．（「面積」の列の幅は特に変更する必要はありません．）また，数値データの入る，「番号」，「面積」，「一人当 GDP」，「2020 年人口」，「2070 年人口」は右揃えに変更してください．

　次に，第 2 行から第 79 行にデータを入力します．このデータの国の数は 78 か国ですので，1 から 78 まで番号を付ける必要がありますが，1 から 78 までタイプして入力するのは面倒ですし，間違いの原因となります．Excel には「番号」のように等間隔の数字を自動的に埋め込む機能がありますので，それを使って番

表 4.1 国別人口のデータ

番号	国　　　名	地　域	一人当 GDP	面　積	2020 年人口	2070 年人口
1	アルジェリア	アフリカ	4,055	2,382	43,333	61,690
2	アルゼンチン	ラ米	14,398	2,796	45,510	58,221
3	オーストラリア	オセアニア	53,794	7,692	25,398	37,357
4	オーストリア	ヨーロッパ	47,381	84	8,782	8,536
5	バングラデシュ	アジア	1,517	148	169,775	199,365
6	ベルギー	ヨーロッパ	43,467	31	11,620	12,694
7	ボリビア	ラ米	3,394	1,099	11,544	17,574
8	ブラジル	ラ米	9,812	8,516	213,863	221,895
9	ブルガリア	ヨーロッパ	8,228	110	6,941	4,567
10	ブルキナファソ	アフリカ	642	273	20,903	60,328
11	カメルーン	アフリカ	1,452	476	25,958	68,104
12	カナダ	北米	44,871	9,985	37,603	48,240
13	チリ	ラ米	15,346	756	18,473	20,414
14	中国	アジア	8,827	9,600	1,424,548	1,208,909
15	コロンビア	ラ米	6,409	1,142	50,220	52,049
16	コンゴ民主主義共和国	アフリカ	463	2,345	89,505	280,414
17	コートジボアール	アフリカ	1,538	322	26,172	72,573
18	デンマーク	ヨーロッパ	57,219	43	5,797	6,569
19	エクアドル	ラ米	6,273	257	17,336	24,670
20	エジプト	アフリカ	2,413	1,002	102,941	178,407
21	エチオピア	アフリカ	768	1,104	112,759	229,097
22	フィンランド	ヨーロッパ	45,805	337	5,580	6,019
23	フランス	ヨーロッパ	38,484	552	65,721	71,956
24	ドイツ	ヨーロッパ	44,666	358	82,540	75,164
25	ガーナ	アフリカ	2,046	239	30,734	63,943
26	ギリシャ	ヨーロッパ	18,885	132	11,103	8,670
27	グアテマラ	ラ米	4,471	109	17,911	30,867
28	ハンガリー	ヨーロッパ	14,279	93	9,621	7,365
29	インド	アジア	1,979	3,287	1,383,198	1,665,179
30	インドネシア	アジア	3,846	1,911	272,223	323,653
31	イラン	アジア	5,594	1,629	83,587	87,177
32	アイルランド	ヨーロッパ	68,885	70	4,888	6,052
33	イスラエル	アジア	40,544	22	8,714	14,803
34	イタリア	ヨーロッパ	32,110	302	59,132	50,533
35	日本	アジア	38,430	378	126,496	96,369
36	カザフスタン	アジア	9,030	2,725	18,777	24,595
37	ケニア	アフリカ	1,595	592	53,492	120,634
38	韓国	アジア	29,743	100	51,507	44,925
39	クウェート	アジア	29,040	18	4,303	5,967
40	マダガスカル	アフリカ	450	587	27,691	73,274

表 4.1 （つづき）

番号	国　　　名	地　　域	一人当 GDP	面　　積	2020 年人口	2070 年人口
41	マラウイ	アフリカ	338	118	20,284	57,643
42	マレーシア	アジア	9,952	330	32,869	43,698
43	マリ	アフリカ	827	1,240	20,284	62,163
44	メキシコ	ラ米	8,910	1,964	133,870	166,496
45	モロッコ	アフリカ	3,023	447	37,071	46,843
46	モザンビーク	アフリカ	426	799	32,309	96,544
47	ネパール	アジア	849	147	30,260	35,591
48	オランダ	ヨーロッパ	48,483	42	17,181	17,075
49	ニュージーランド	オセアニア	42,583	268	4,834	5,991
50	ニジェール	アフリカ	378	1,267	24,075	115,399
51	ナイジェリア	アフリカ	1,968	924	206,153	576,062
52	ノルウェー	ヨーロッパ	75,704	324	5,450	7,461
53	パキスタン	アジア	1,548	796	208,362	343,516
54	ペルー	ラ米	6,572	1,285	33,312	43,124
55	フィリピン	アジア	2,989	300	109,703	167,443
56	ポーランド	ヨーロッパ	13,864	313	37,942	27,360
57	ポルトガル	ヨーロッパ	21,291	92	10,218	7,789
58	ルーマニア	ヨーロッパ	10,819	238	19,388	14,260
59	ロシア	ヨーロッパ	10,749	17,098	143,787	126,393
60	サウジアラビア	アジア	20,849	2,207	34,710	46,160
61	シンガポール	アジア	57,714	1	5,935	6,215
62	南アフリカ	アフリカ	6,151	1,221	67,595	91,959
63	スペイン	ヨーロッパ	28,208	506	46,459	39,843
64	スリランカ	アジア	5,317	66	21,084	18,693
65	スウェーデン	ヨーロッパ	53,253	439	10,122	12,444
66	スイス	ヨーロッパ	80,343	41	8,671	10,195
67	タンザニア	アフリカ	958	947	62,775	204,040
68	タイ	アジア	6,595	513	69,411	57,438
69	チュニジア	アフリカ	3,464	164	11,903	13,981
70	トルコ	アジア	10,546	780	83,836	94,970
71	ウクライナ	ヨーロッパ	2,640	604	43,579	31,992
72	英国	ヨーロッパ	39,954	242	67,334	78,212
73	アメリカ合衆国	北米	59,928	9,834	331,432	419,162
74	ベネズエラ	ラ米	15,692	930	33,172	43,357
75	ベトナム	アジア	2,342	331	98,360	114,496
76	イエメン	アジア	1,107	528	30,245	54,320
77	ザンビア	アフリカ	1,513	753	18,679	61,286
78	ジンバブエ	アフリカ	1,333	391	17,680	36,164

本書のデータは，朝倉書店のホームページ（http://www.asakura.co.jp）からダウンロードすることができる．

号を入力してみます.

アクティブセルを**番号**と入力したセルの1つ下の A2 へ移動させ，最初の番号の **1** を入力します．アクティブセルを A2 に戻して（[Enter] キーを押すとアクティブセルが1つ下がります），[ホーム] タブの「編集」グループの [フィル] をマウスで選択します（図 4.1）．[フィル] のメニューが表示されるので [連続データの作成（S）] をクリックすると，「連続データ」のボックスが現れます（図 4.2）．「範囲」を [列（C）] に変更し（範囲の中の列のところをマウスでクリックします），[停止値（O）] をマウスでクリックして，その値を **78** にします．この場合は，種類や増分値は変更する必要はありません．[OK] をクリックすると，1から78までの数字が A2 から A79 までに自動的に埋め込まれます（図 4.3）.

番号が付きましたので，B列に国名のデータを入力してください．次に，面積，GDP，人口のデータを入力しますが，このまま入力したのでは，どの国の

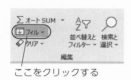

ここをクリックする

図 4.1 番号を自動的に埋め込むには，[ホーム] タブ→(「編集」グループの) フィルをクリックする.

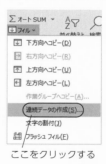

ここをクリックする

図 4.2 [フィル] のメニューから [連続データの作成（S）] をクリックする.

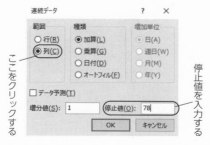

図 4.3 「範囲」を [列（C）] に変更し，[停止値（O）] を **78** とし，[OK] をクリックする.

どの項目についてのデータを入力しているのかがわかりづらく，入力ミスを起こしやすくなります．そこで，番号，国名と項目の入っている列と行を見出しとして固定し，アクティブセルの位置にかかわらず，常にモニターの画面に現れるようにします．アクティブセルの位置を列・行の見出しを固定する B2 へ移動させます．［表示］タブをクリックし，「ウィンドウ」グループの［ウィンドウ枠の固定］を選択し，そのメニューの中から［ウィンドウ枠の固定(F)］を選択します（図 4.4）．ワークシート上に列と行を分ける線が 2 本現れ，アクティブセルをどの地点に移動させても，番号の入った A 列と項目名の入った第 1 行が表示されるようになります．

　設定した列・行見出しの固定を解除したい場合は，［表示］タブの［ウィンドウ枠の固定］を選択し，そのメニューの中から［ウィンドウ枠固定の解除（F）］を選択します（図 4.5）．

　では，すべてのデータを入力してください．なお，地域名はすべて同一の形式で入力してください．（例えば，一部を半角，一部を全角で入力したり，先頭に

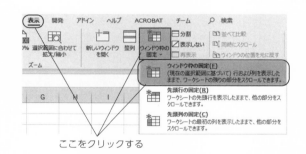

図 4.4　アクティブセルを B3 へ移動し，［表示］タブ→（「ウィンドウ」グループの）［ウィンドウ枠の固定（F）］を選択する．

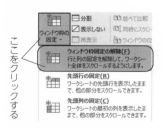

図 4.5　設定したウィンドウ枠を解除したい場合は，［表示］タブ→「ウィンドウ枠の固定」→［ウィンドウ枠固定の解除（F）］を選択する．

スペースを空けたり空けなかったりなどの入力は，絶対に行わないでください．このような入力を行うと，後の操作がうまくいかない場合があります．また，例えば「スウェーデン」の小さな「ェ」を入力する場合は，[l] キー（アルファベットのエルです．数字の1ではありません）を押してから [e] キーを押してください．) キーボードからの入力が終了しましたら，ウィンドウ枠を解除し，数字の表示形式を3桁ごとにコンマを打つように変更して，表をみやすくしてください．

ところで，今入力したデータには2種類のものがあります．1つは，人口，面積，1人あたり GDP のようにデータが定量的な数値で与えられているもので，このようなデータを量的データと呼びます．他の1つは，国名や地域のデータのように，数値のデータではなく，あるカテゴリーに属していることだけがわかるようなデータです．このようなデータを質的データと呼びます．統計学では，量的データはもちろん，質的データについても多くの手法が開発されており，統計的な分析を行うことができます．

4.2 人口密度・人口増加率の計算

H 列に 2020 年の人口密度を，I 列に 2020 年から 2070 年までの年あたりの人口増加率を計算してください．まず，H1 と I1 に**人口密度**と**人口増加率**と入力します．H2 から 2020 年の人口密度を，I2 から人口増加率を計算してください．（具体的な計算方法については，第2章を参照してください．) 列幅を調整し，表を罫線で囲み，数値の表示を変更して（人口密度は3桁ごとにコンマを打って小数点以下が1桁の表示となるように，人口増加率は小数点以下が2桁のパーセント表示となるように），表をみやすくしてください．

以後の演習は，この国別人口のデータを使いますので，**pop2** というファイル名で保存してください．

5. データの並べ替え・条件にあったデータの抽出

　本章では，データの並べ替えと，条件にあったデータの抽出を行います．国別人口のデータの入ったデータのファイル pop2 を呼び出してください．第1行に番号，国名，…，とデータの項目名が入っていますが，これを「フィールド名」または「列見出し」と呼びます．また，第2行から第79行にはデータが入っていますが，このデータの範囲に「フィールド名」を加えたものを「リスト」と呼びます．このデータでは問題ありませんが，並べ替え，抽出などの作業を間違いなく行うためには，

　i） フィールド名のすぐ下にデータがあり，間に空白行がないこと，

　ii） データの間に空白行や空白列がないこと，

　iii） 表題やほかにデータセットなどがある場合は，1行以上の空白の行や列で区切られていること，

を確認してください．

5.1　データの並べ替え

　人口のデータを，2020年の人口の多い順に並べ替えてみましょう．マウスを使ってリスト（フィールド名とデータの範囲）を指定します．この場合，もちろん，リスト全体（A1からI79まで）を指定することも可能ですが，この例のように表が大きくなると全体を指定するのはなかなか大変です．このため，Excelでは，リストに含まれている1つのセルにアクティブセルを移動すればリスト全体が指定されるようになっています．アクティブセルをリストに含まれる適当なセルに移動させてください．

　次に［データ］タブをクリックし，「並べ替えとフィルター」グループから［並べ替え］を選択します（図5.1）．「並べ替え」のボックスが現れますので，最優先されるキーを指定しますが，「最優先されるキー」のボックスをマウスでクリックします．データの範囲のすぐ上にあるフィールド名が表示されますが，

この中から［2020年人口］を選択します（図5.2）．人口の多い順に並べ替えますので，「順序」の下の［小さい順］と表示されているボックスをマウスでクリックして［大きい順］に変えます．（デフォルトでは小さい順となっています．）［OK］をクリックすれば，並べ替えが実行されます（図5.3）．

文字データについても並べ替えを行うことができますが，

ⅰ）　アルファベットのデータはABC順，

ⅱ）　かなのデータは五十音順，

図 5.1　［データ］タブをクリックし，［並べ換えとフィルター］グループから［並べ換え］を選択する．

図 5.2　［並べ換え］のボックスが現れるので，「最優先されるキー」に［2020年人口］を指定する．

図 5.3　「順序」を［大きい順］として［OK］をクリックする．

　　iii)　漢字データはその文字のコード番号順,

に並べ替えが行われます. また,「並べ替え」のボックスで［レベルの追加（A）］
をクリックすると,［次に優先されるキー］の表示が現れますので, これを指定
することによってより細かい並べ替えを行うことができます.［次に優先される
キー］を指定した場合, 並べ替えは辞書的なオーダーとなります. すなわち,
［最優先されるキー］でまず並べ替え, 同じ値のものについて,［次に優先される
キー］で並べ替えを行います. さらに,［レベルの追加（A）］をクリックするこ
とによって, 3番目以降に優先されるキーの指定を行うことができます. また,
［次に優先されるキー］を削除するには,［レベルの削除（D)］をクリックしま
す（図 5.4）.

　　なお, ここでは簡単のため, 最初にリストの範囲（すなわちフィールド名を含
めて）を指定して, 並べ替えを行いましたが, 注意すべき点があります. フィー
ルド名とその下に続くデータのタイプが異なる場合（この場合は, 国名, 地域を
除き, フィールド名は文字で, データは数字）, Excel は先頭の行をフィールド
名と見なして処理を行います.

　　しかしながら, フィールド名とデータのタイプが同一の場合, 例えば名前など
の文字データを並べ替える場合など, フィールド名を含めて並べ替えを行ってし
まいますので, 注意が必要です. このようなデータの場合は,

　　i)　「並べ替え」のボックス右上の［先頭行をデータの見出しとして使用する
　　　　（H)］をクリックして, チェックされている状態に変更する,

　　ii)　フィールド名を含めず, データの範囲だけを指定して（1つのセルでは
　　　　なく, データの範囲全体を指定する必要があります）並べ替えを行う,

図 5.4　［レベルの追加（A)］をクリックすると,「次に優先されるキー」の表示が現れる.
　　　これを指定することによって, より細かい並べ換えを行うことができる.「次
　　　に優先されるキー」を削除するには,［レベルの削除（D)］をクリックする.

のいずれかの操作が必要となります．「番号」で並べ替えを行い，データを元の
状態に戻して下さい．

5.2 データの抽出

5.2.1 フィルターを使った抽出

ここでは，ある条件にあったデータの抽出をフィルターを使って行ってみま
す．まず，2020年人口が5,000万以上の国を抜き出してみましょう．アクティ
ブセルをリスト（フィールド名とデータの範囲）に含まれるどこかのセルに移動
してください．次に，タブを［データ］とし，「並べ替えとフィルター」グルー
プから［フィルター］を選択します（図5.5）．すると，フィールド名の右に下
向きの矢印が付きます（図5.6）．

2020年人口のところの矢印をマウスでクリックします．すると，フィルター
のメニューが現れますので，［数値フィルター（F）］→［指定の値以上（O）］を選
択します（図5.7）．「オートフィルターオプション」のボックスが現れますので，
5,000万を入力しますが，人口のデータは1,000人単位で与えられていますので，
抽出条件を**50000**と入力します．条件の入力が終わりましたので，［OK］をク
リックすると，人口が5,000万以上の国が抽出されます（図5.8）．なお，抽出
された行の番号はモニターの画面上で青色で表示されます．

次に，条件を加えて，アジアまたはアフリカで人口が5,000万以上の国を抽出
してみましょう．地域のフィールド名の脇にある矢印をクリックし，［テキスト
フィルター（F）］→［指定の値に等しい（E）］を選択します（図5.9）．「地域」の

ここをクリックする

図 5.5 ［データ］タブの「並べ換えとフィルター」グルー
プから「フィルター」を選択する．

	A	B	C	D	E	F	G
1	番号	国名	地域	一人当GD	面	2020年人	2070年人
2	1	アルジェリア	アフリカ	4,055	2,382	43,333	61,690
3	2	アルゼンチン	ラ米	14,398	2,796	45,510	58,221
4	3	オーストラリア	オセアニア	53,794	7,692	25,398	37,357
5	4	オーストリア	ヨーロッパ	47,381	84	8,782	8,536

図 5.6 フィールド名の右に下向きの矢印が付く．

図 5.7　「2020 年人口」の矢印をクリックし，［数値フィ
ルター（F)]→[指定の値以上（O)］を選択する.

図 5.8　抽出条件を入力し，［OK］をクリックする.

図 5.9　「地域」の矢印をクリックし，［テキストフィルター
（F)]→[指定の値に等しい（E)］を選択する.

図 5.10 「地域」にアジア，アフリカという条件を入力し，
[OR] を選択して，[OK] をクリックする.

	A	B	C	D	E	F	G	H	I
1	番号	国名	地域	一人当GD	国土	2020年人口	2070年人口	人口密	人口増加
6	5	バングラデシュ	アジア	1,517	148	169,775	199,365	1,147.1	0.32%
15	14	中国	アジア	8,827	9,600	1,424,548	1,208,909	148.4	-0.33%
17	16	コンゴ民主主義共和国	アフリカ	463	2,345	89,505	280,414	38.2	2.31%
21	20	エジプト	アフリカ	2,413	1,002	102,941	178,407	102.7	1.11%
22	21	エチオピア	アフリカ	768	1,104	112,759	229,097	102.1	1.43%
30	29	インド	アジア	1,979	3,287	1,383,198	1,665,179	420.8	0.37%
31	30	インドネシア	アジア	3,846	1,911	272,223	323,653	142.5	0.35%
32	31	イラン	アジア	5,594	1,629	83,587	87,177	51.3	0.08%
36	35	日本	アジア	38,430	378	126,496	96,369	334.6	-0.54%

図 5.11 アジアまたはアフリカで，2020年人口が5,000万以上の国が抽出される.

ここをクリックする

図 5.12 「フィルター」を解除するには，[フィルター] をクリックする.

第1の条件に**アジア**と入力し，第2の条件に**アフリカ**と入力します．2つの条件のいずれかが成り立てばよいので，[OR] を選択し，[OK] をクリックしますと（図5.10），アジアおよびアフリカの人口5,000万以上の国が抽出されます（図5.11）．

なお，「フィルター」を解除するには，[フィルター] をクリックします（図5.12）．

5.2.2 フィルタの［詳細設定］を使った抽出

検索条件が簡単である場合，［フィルター］を選択することによってデータの抽出を行うことができますが，条件が複雑であったり，条件を少しずつ変えて抽出を行いたいときなどは，フィルターの［詳細設定］を使って抽出を行います．［フィルター］が選択されている場合は解除してください．

a. すべての項目の抽出

前と同様に，2020年人口が5,000万以上の国を抽出してみます．［詳細設定］を使った抽出では，まず，検索条件をワークシート上に設定する必要があります．検索条件をワークシートの空いているところ，例えばK2から設定してみましょう．K2にフィールド名である「2020年人口」をリストから複写します．（フィールド名はリストのものと完全に一致する必要がありますので，必ず複写してください．）そのすぐ下のK3に比較条件**＞＝50000**を入力します（図5.13）．なお，与えることのできる条件およびそれを表す記号は，＝等しい，＞より大きい，＜より小さい（未満），＞＝以上，＜＝以下，＜＞等しくない，です．

検索条件の設定が終わりましたので，2020年人口が5,000万以上の国を抽出してみましょう．アクティブセルを人口データのリスト内の適当なセルへ移動してください．［データ］タブの「並べ替えとフィルター」グループから［詳細設定］を選択します（図5.14）．「フィルターオプションの設定」のボックスが現れますので，［リスト範囲（L）］が正しく設定されているかどうかを確認してください．

次に，検索条件の範囲を設定しますが，［検索条件範囲（C）］をマウスでクリックします．検索条件の範囲がすでに入っている場合は，これを［Back Space］，［Delete］キーを使ってすべて消してください．設定は，キーボードから入力するだけでなく，マウスからも入力可能です．マウスを使って指定を行う場合は，入力範囲を指定するボックスの右側のマークをクリックします（図5.15）．指定しやすいように「フィルターオプションの設定」のボックスは消えるので，マウスで検索条件の入っているセルのK2からK3までをドラッグして指定します．指定終了後はボックス右側のマークをクリックします（図5.16）．

	J	K
1		
2		2020年人口
3		>=50000
4		

図 5.13 2020年人口が5,000万以上という条件を与える．

ここをクリックする

図 5.14 アクティブセルをリスト内に移動し，［データ］タブの「並べ換えとフィルター」グループから［詳細設定］を選択する．

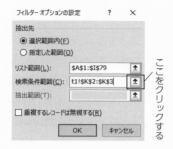

図 5.15　［リスト範囲（L）］を確認し，［検索条件（C）］を設定する．設定は，キーボードからだけでなく，マウスからも入力可能である．マウスを使って指定を行う場合は，入力範囲を指定するボックスの右側のマークをクリックする．

図 5.16　マウス検索条件範囲を指定する．（指定しやすいように「フィルターオプションの設定」のボックスは消える．）指定後は，ボックス右側のマークをクリックする．

図 5.17　抽出をやめる場合は，［データ］タブの「並べ換えとフィルター」グループの［クリア］を選択する．

（もちろん，**K2：K3** とタイプすることもできます．）［OK］をクリックすると，2020 年人口が 5,000 万以上の国が抽出されます．抽出された行番号は青で表示されます．抽出をやめて，表示をもとに戻したい場合は，［データ］タブの「並べ替えとフィルター」グループの［クリア］を選択します（図 5.17）．

　次に，抽出した国のデータをワークシートの別のところへ書き出してみましょう．ここでは，K6 を先頭とする地点に書き出してみます．（データの書き出しを行うとセルの内容が上書きされてしまいますから，ワークシートの何もないところを選ぶ必要がありますので，注意してください．）前と同様にアクティブセルを人口のリスト内のセルへ移動させ，［データ］タブの「並べ替えとフィルター」グループから［詳細設定］を選び，リスト範囲と条件範囲が正しく設定されていることを確認してください．次に，抽出先を指定します．ボックスの上側の「抽出先」をマウスを使ってクリックし，［指定した範囲（O）］に変更します．［抽出範囲（T）］をクリックし，マウスで K6 のセルを指定します（図 5.18）．（抽出先がすでに入っている場合はすべて消去してください．また，抽出先は **K6** と

図 5.18　「抽出先」を［指定した範囲（O）］に変更し，［抽
出範囲（T）］として先頭のセル（K6）を指定する.

	K	L	M	N	O	P	Q	R	S
6	番号	国名	地域	一人当GDP	面積	2020年人口	2070年人口	人口密度	人口増加率
7	5	バングラデ	アジア	1,517	148	169,775	199,365	1,147.1	0.32%
8	8	ブラジル	ラ米	9,812	8,516	213,863	221,895	25.1	0.07%
9	14	中国	アジア	8,827	9,600	1,424,548	1,208,909	148.4	-0.33%
10	15	コロンビア	ラ米	6,409	1,142	50,220	52,049	44.0	0.07%
11	16	コンゴ民主	アフリカ	463	2,345	89,505	280,414	38.2	2.31%
12	20	エジプト	アフリカ	2,413	1,002	102,941	178,407	102.7	1.11%
13	21	エチオピア	アフリカ	768	1,104	112,759	229,097	102.1	1.43%

図 5.19　K6 から 2020 年人口が 5,000 万以上の国が抽出される.

タイプすることもできます.）指定は，抽出先の最初のセルだけを指定します.
［OK］をクリックすれば，人口 5,000 万以上の国が K6 から書き出されます（図
5.19）.

b.　限られた項目のみの抽出

a 項で行った抽出では，番号から人口増加率まですべての項目について抽出が
行われてしまいますが，ここでは，必要な項目のみを抽出してみます.国名，地

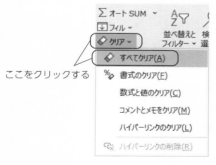

ここをクリックする

域，2020 年人口の 3 項目のみを抽出
してみましょう.K6 から抽出された
結果を消してください.マウスを使っ
て消去したい範囲をドラッグして指定
し，抽出された結果を消すには，［ホー
ム］タブの「編集」グループの［クリ
ア］→［すべてクリア（A）］を順にク
リックします（図 5.20）.次に，
フィールド名の「国名」，「地域」，
「2020 年人口」を，K6 から横に M6
まで順に複写します.

図 5.20　抽出された結果を消すには，［ホー
ム］タブの「編集」グループの［ク
リア］をクリックし，［すべてクリ
ア（A）］を選択する.

アクティブセルを人口データのリスト内へ移動させ，［データ］タブ→（「並べ替えとフィルター」グループの）［詳細設定］を選び，リスト範囲と条件範囲が正しく設定されていることを確認し，「抽出先」を［指定した範囲（O）］に変更します．［抽出範囲（T）］をクリックし，まず，すでに入っている抽出先を消去して，マウスで K6 から M6 までのセルを指定します（図 5.21）．［OK］をクリックすると，国名，地域，2020 年人口の 3 項目のデータが抽出されます（図 5.22）．

c. 複数の検索条件に基づく検索

ここでは，フィルターのオプション機能を使って，複数の検索条件に基づく抽出を行ってみます．アジアまたはアフリカで，2020 年人口が 5,000 万以上 1 億未満の国を抽出してみましょう．まず，先ほどの検索条件と抽出結果を消去してください．最初に検索条件の設定を行いますが，フィールド名から「地域」を K2 へ，「2020 年人口」を L2 および M2 へ複写してください．2020 年人口は 5,000 万以上 1 億未満ですので，2 つの検索条件を与える必要があります（図 5.23）．

図 5.21　一部の項目のみを抽出するには，そのフィールド名を並べ，それを［抽出範囲（T）］として指定する．

	K	L	M
6	国名	地域	2020年人口
7	バングラデシ	アジア	169,775
8	ブラジル	ラ米	213,863
9	中国	アジア	1,424,548
10	コロンビア	ラ米	50,220
11	コンゴ民主主	アフリカ	89,505

図 5.22　国名，地域，2020 年人口の 3 項目のデータのみが抽出される．

	K	L	M
1			
2	地域	2020年人口	2020年人口
3	アジア	>=50000	<100000
4	アフリカ	>=50000	<100000

図 5.23　複数の条件を与える．

検索条件を書き込みますが，複写したフィールド名のすぐ下の行，K3 に**アジア**，L3 に**＞＝50000**，M3 に**＜100000** と条件を入力します．次に，その下の行，K4 に**アフリカ**，L4 に**＞＝50000**，M4 に**＜100000** と条件を入力します．アジア，アフリカはデータに入力したのと全く同一の形式にしてください．

Excel では，同一行に検索条件を入れるとその条件をすべて満たすデータが抽出され（and の機能），行を変えるといずれかの行を満足するデータが抽出されます（or の機能）．K3 から M3 までは，同一行ですので，検索条件は，アジア（K3）かつ 2020 年人口が 5,000 万以上（L3）かつ 1 億未満（M3）となります．同様に，K4 から L4 までの条件は，アフリカかつ 2020 年人口 5,000 万以上 1 億

未満となります．2つの条件は，別々の行にありますので，抽出されるデータは，いずれかの行の条件を満足するもの，すなわち，アジアまたはアフリカで 2020 年人口が 5,000 万以上 1 億未満の国となります．

　抽出条件の設定が完了しましたので，抽出を行ってみます．アクティブセルをリスト内部へ移動してください．[データ] タブ→（「並べ替えとフィルター」グループの）[詳細設定] を選びます．「フィルターオプション設定」のボックスが現れますので，リストの範囲を確認します．検索条件の範囲を指定しますが，[検索条件範囲（C）] をマウスでクリックし，すでに入っている検索条件範囲（K2 から K3 まで）を [Delete] キーを使って消去します．マウスを使って新しく設定した検索条件の範囲の K2 から M4 までを指定します．「抽出先」を [指定した範囲（O）] に変更し，[抽出範囲（T）] をクリックしてすでに入っている範囲を消去し，抽出範囲を K6 に変更します（図 5.24）．[OK] をクリックするとアジアまたはアフリカで 2020 年人口が 5,000 万以上 1 億未満の国のデータが抽出されます（図 5.25）．特定の項目についてのみデータを抽出したい場合は，前と同様にその項目のフィールド名を複写し，それを抽出先として指定します．

図 5.24　[リスト範囲（L）] を確認し，[検索条件
範囲（C）] と [抽出範囲（T）] を設定する．

	K	L	M	N	O	P	Q	R	S
6	番号	国名	地域	一人当GDP	面積	2020年人口	2070年人口	人口密度	人口増加率
7	16	コンゴ民主主義共	アフリカ	463	2,345	89,505	280,414	38.2	2.31%
8	31	イラン	アジア	5,594	1,629	83,587	87,177	51.3	0.08%
9	37	ケニア	アフリカ	1,595	592	53,492	120,634	90.4	1.64%
10	38	韓国	アジア	29,743	100	51,507	44,925	515.1	-0.27%
11	62	南アフリカ	アフリカ	6,151	1,221	67,595	91,959	55.4	0.62%
12	67	タンザニア	アフリカ	958	947	62,775	204,040	66.3	2.39%
13	68	タイ	アジア	6,595	513	69,411	57,438	135.3	-0.38%
14	70	トルコ	アジア	10,546	780	83,836	94,970	107.5	0.25%
15	75	ベトナム	アジア	2,342	331	98,360	114,496	297.2	0.30%

図 5.25　アジアまたはアフリカで 2020 年人口が 5,000 万以上 1 億
未満の国のデータが週出される．

5.3 データベース関数を使った特定の検索条件を満足するデータの集計

特定の検索条件を満足するデータの集計は，データベース関数を使うことによって，データをわざわざ抽出することなく，簡単に行うことができます．アジアの国についていくつかの集計を行ってみましょう．混乱を避けるために，一応，今までの抽出結果，検索条件は消去してください．アジアの国ですので，抽出の場合と同様に，地域のフィールド名を K2 に複写し，その下のセルに**アジア**と入力してください．

ここでは，複数の集計を行いますので，いちいちセル番地で範囲を指定するのは大変手間がかかります．そこで，リストと条件に名前を付けておき，その名前でリストと検索条件の範囲を指定します．まず，リストに「データ1」と名前を付けてみましょう．リストの範囲（A1 から I79 まで）をマウスを使ってドラッグして指定し，［数式］タブをクリックして，「定義された名前」のグループから［名前の定義］を選択します（図 5.26）．「新しい名前」のボックスが現れますので，名前を**データ1**とし，［OK］をクリックします（図 5.27）．同様に検索条件の入っている範囲（K2 から K3 まで）を，**条件1** という名前で登録します．

次に，アジアの国の 2020 年人口の合計を求めてみましょう．K6 にセルポインタを移動させ，**=DSUM（データ1，"2020 年人口"，条件1）**と入力してください．「,」，「"」は英数モードで半角文字で入力してください．アジアの国の人口の合計が表示されます（図 5.28）．通常の関数の場合と同様，

ここをクリックする

図 5.26 名前を付ける範囲をドラッグして指定し，［数式］タブをクリックして，「定義された名前」のグループから［名前の定義］を選択する．

新しい名前

名前(N): データ1
範囲(S): ブック
コメント(O):

参照範囲(R): =Sheet1!$B$1:$I$79

OK　　キャンセル

図 5.27 ［新しい名前］のボックスが現れるので，名前を付け，［OK］をクリックすると，指定したデータ範囲が「データ1」という名前で登録される．

図 5.28 データベース関数を使い，アジアの国の人口の合計を求める．

「DSUM」は，大文字でも小文字でもその混合でもかまいませんが，「データ1」，「条件1」は，登録した名前と（全角・半角文字を含め）完全に一致する必要があります．一致していない場合はエラーとなり，エラーメッセージが表示されてしまいます．半角文字と全角文字が混ざっている場合などは特に注意してください．なお，フィールド名の”**2020年人口**”の代わりにそのセルの番地を指定し，**＝DSUM（データ1，F1，条件1）** とすることもできます．

　データベース関数を使用する場合は，

ⅰ）　リストの範囲，

ⅱ）　集計しようとする項目のフィールド名を””で囲んだもの（または，そのセルの番地），

ⅲ）　検索条件の範囲，

の3つを順に引数とし，その間をコンマで区切り，データベース関数名（リストの範囲，”フィールド名”，条件の範囲）として使用します．

　データベース関数は，

DAVERAGE	平均
DCOUNT	数値の入っているセルの個数
DCOUNTA	空白でないデータの入っているセルの数
DGET	条件に一致する1つの値
DMAX	最大値
DMIN	最小値
DPRODUCT	積
DSTDEV	標準偏差
DSUM	合計
DVAR	分散

です．

　これを使って，アジアの国の1人あたりGDPの平均，人口増加率の最大値を求めてみましょう．K7に＝**DAVERAGE**（データ1，”一人当GDP”，条件1），K8に＝**DMAX**（データ1，”人口増加率”，条件1）と入力すると，1人あたりGDPの平均，人口増加率の最大値が求まります．

　複雑な検索条件は，抽出の場合と同じ手順で検索条件を設定し，検索条件の範囲として設定した検索条件全体を指定します．なお，検索条件を変更すると，その検索条件を使っているデータベース関数の値が検索条件の変更によって変わっ

てしまいます．そのような場合は，値複写の機能を使って計算値を数値とし，ワークシートの適当なところへ保存しておいてください．

5.4 国別人口データの並べ替え・抽出の演習

国別人口データを使って，いろいろな並べ替え，抽出，集計の問題を行ってみます．結果は消去せずに，ワークシートの適当なところに複写しておいてください．

1. 2020年および2070年の人口の上位10か国を求めて比較してください．

2. 人口増加率の上位10か国の国名を求めてください．

3. 人口増加率が1%以上の国の国名と人口増加率を抽出してください．

4. アジアおよびアフリカの国で，人口増加率が0.5%以上で1人あたりGDPが2,500ドル未満の国の国名，地域，人口増加率，1人あたりGDPを抽出してください．

5. データベース関数を使い，1人あたりGDPが5,000ドル未満の国と5,000ドル以上の国の人口増加率の平均を求めてください．

6. データベース関数を使い，アジアまたはアフリカで，2020年人口が3,000万以上，人口増加率が0.5%以上の国の1人あたりGDPの平均を求めてください．

6. 度数分布表による一次元のデータの整理・分析

　前章までは，Excel の使い方を中心に学習してきましたが，これ以後は，Excel を使ったデータの分析方法について学習します．観測されたデータの分析においては，データを整理・要約して有用な情報を取り出すことが重要となります．これらには，一定の方法があり，記述統計と呼ばれています．

　本章および次章では，一次元のデータの整理・分析を行います．一次元のデータの分析方法として，本章では度数分布表について，次章では分布の代表値・散らばりの尺度について学習します．（なお，ここでは説明は必要最小限にとどめましたので，度数分布および代表値に関する詳細は，『統計学入門』（東京大学教養学部統計学教室編，1991）第 2 章を参照してください．）

6.1　度数分布表とヒストグラム

　度数分布表は，観測されたデータ（以後，観測値と呼びます）を分析するのに使われる最も基本的かつ重要な分析方法です．度数分布表は，観測値のとりうる値をいくつかの範囲（これを階級（class）と呼びます）に分け，その階級に属する観測値の数（これを度数（frequency）と呼びます）を数えて表にするものです．階級は下限値と上限値によって決定されますが，階級を代表する 1 つの値を決めておいたほうが便利です．階級を代表する値は，階級値と呼ばれ，通常，下限値と上限値の中間値，すなわち，

$$階級値 = (下限値 + 上限値)/2$$

とします．

　ところで，ある階級の度数が 100 といっても，全体の観測値の数（全数）が 1,000 の場合と 10,000 の場合では全く意味が異なります．多くの場合，その階級に属する観測値の割合を求めることが重要になってきますが，度数を全数で割って，その階級の占める割合を求めたものを相対度数（relative frequency）と呼びます．

　また，はじめの階級からその階級までの度数および相対度数を下から順に加え
た累積和を累積度数（cumulative frequency）および累積相対度数（cumulative
relative frequency）と呼びます．これらはそれぞれ，その階級の上限値より小さ
い観測値の数およびその割合を表し，最後の階級では，全数および100%となり
ます．

　度数分布表をつくる場合に問題となるのは，階級の数と階級幅をどのようにす
るかです．階級の数を少なくしすぎるとデータのもっている情報の多くが失われ
てしまいますし，逆に階級の数を多くしすぎると，各階級の度数が小さくなりす
ぎて，データの整理・分析といった本来の目的が果たせません．

　この問題は，簡単なようですが大変難しい問題で，現在でもいろいろな研究論
文が発表されています．残念ながら，未だに決まった基準はありませんが，ス
タージェスの公式などを目安にします．これは，観測値の全数を n として階級
の数を $\log_2 n + 1$ とする（n が 2 のべき乗の数を除き整数とはなりませんので，こ
れに近い整数といった意味です）ものです．$n = 100$ の場合，$2^6 = 64$，$2^7 = 128$ で
すので，階級数は 7〜8 程度となります．

　参考までに，この公式による n と階級の数（公式の値に最も近い整数値）を
求めると，次のようになります．

n	50	100	1,000	10,000	100万	1億
階級の数	7	8	11	14	21	28

観測値の数が増えても階級の数はあまり増えないことに注目してください．日
本人全体（2015 年の国勢調査によると，日本の総人口は 1 億 2,709 万）を対象
としても，30 足らずの階級に分けてやればよいことになります．Excel でスター
ジェスの公式の値を計算するには，一般対数を計算する関数を使い，適当なセル
に＝LOG(**n**の値，2)＋1 と入力します．なお，スタージェスの公式はあくまで
目安であり，このとおりに階級数を設定しなければならないといったものではな
いことに留意してください．

　度数分布表のままではわかりにくいので，これをグラフにします．グラフにす
ることによって，分布の形を視覚的にとらえることができ，データのもつ情報を
総合的に判断することが可能となります．度数のグラフとしては，棒グラフを使
い，これをヒストグラム（histogram）と呼びます．

6.2　国別人口データを使った度数分布表・ヒストグラムの作成

6.2.1　度数分布表の作成

　国別の人口データを使って度数分布表をつくり，それをヒストグラムにしてみましょう．Excel に人口のデータ pop2 を呼び出してください．現在使っているワークシートである Sheet 1 は，すでに行った抽出などの作業の結果が残っていますので，さらに度数分布表の作業を行うと混乱してしまいます．そこで，ここでは，別のワークシートを使って度数分布表を作成します．

　まず，必要なデータを Sheet 2 に複写します．フィールド名を含むデータの範囲（A1 から I79 まで）をマウスで指定します．［ホーム］タブの［コピー］をマウスでクリックし，これをクリップボードに登録します．次に，［挿入］→［シートの挿入］をクリックします．シートが挿入され，モニター画面が Sheet 2 になりますので，アクティブセルを A1 にし，［ホーム］タブの［貼り付け］をクリックしてデータを複写します．（シートが変わってもそのまま複写機能を使うことができます．）

　2020 年人口の度数分布表をつくってみましょう．2020 年人口のデータは何度か使用しますので，データに名前を付けておきます．2020 年人口のデータの入っている範囲（F2 から F79 まで，フィールド名は含みません）をマウスで指定し，［数式］タブ→（「定義された名前」グループの）［名前の定義］を選択し，人口 1 と名前を付け，［OK］をクリックします．

　次に，適当な階級を設定する必要がありますが，そのためには，データがどの範囲にあるか，すなわち，データの最小値と最大値を知る必要があります．K1 に **2020 年人口**，K2 に**最小値**，K3 に**最大値**と入力し，L2 に**=MIN(人口 1)**，L3 に**=MAX(人口 1)** と入力します．この結果，分析対象とした 78 か国のうち，2020 年人口の最小値は 430 万（クウェート），最大値は 14 億 2,455 万（中国）であることがわかりますので，階級を，

　　100 万〜1,000 万人

　　1,000 万〜5,000 万人

　　5,000 万〜1 億人

　　1 億〜5 億人

　　5 億〜10 億人

　　10 億〜15 億人

の 6 階級としてみます．（階級の幅は，等しくとられることが多いですが，この例のようにデータの大きさが大きく違う場合などは，データの特徴がよく現れるように選びます．）

Excel では，階級の上限値を使って度数を計算します．階級の上限値はその階級に含まれ，「下限より大きく上限以下」の度数が求められます．また，最初の階級は，与えた上限値以下の度数が計算され，最後の階級の上限値よりも大きな観測値は「次の級」としてその度数が表示されます．（ここでは，最大値を求めて階級を決めていますので，「次の級」の度数は 0 となります．）K5 から下側に順に階級の上限値を **10000**，**50000**，**100000**，**500000**，**1000000**，**1500000**と入力します（図 6.1）．（なお，このように 0 がたくさん付く大きな数字では，指数表示を使って **1E4**，**5E4**，**1E5**，**5E5**，**1E6**，**1.5E6** と簡単に入力することができます．）

度数分布表を作成します．［データ］タブを選択し，「分析」グループから［データ分析］を選びます（図 6.2）．（［データ］タブに［データ分析］がない場合は，第 1 章で述べた「分析ツール」の組み込みを行ってください．）「データ分析」のボックスが現れますので，マウスを使い，［ヒストグラム］を選択し，［OK］をクリックします（図 6.3）．「ヒストグラム」のボックスが現れますので，「入力範囲（I）」に人口 1 と入力します．次に，［データ区間（B）］に先ほど入力した階級の上限値の範囲を指定します．［データ区間（B）］をクリックし，階

	K	L
1	2020年人口	
2	最小値	4303
3	最大値	1424548
4		
5	10000	
6	50000	
7	100000	
8	500000	
9	1000000	
10	1500000	

図 6.1　階級値の上限を入力する．

ここをクリックする

図 6.2　［データ］タブを選択し，「分析」グループから［データ分析］を選ぶ．

スクロールバーを
ドラッグすること
で表示が変化する

図 6.3 ［ヒストグラム］を選択する.

級の上限の入っている範囲の K5 から K10 までをマウスで指定します.（**K5：K10** とキーボードから入力することも可能です.）最後に結果の書き出し先を指定します. 出力オプションの［出力先（O）］をクリックし, 出力先として K13 をキーボードから入力するか, マウスでクリックするかによって指定します（図 6.4）. 出力先の指定を行わないと別のワークシートに結果が書き出されてしまいますので, 注意してください.

　度数を計算する準備が完了しましたので,［OK］をクリックしますと, データ区間と頻度が K13 を先頭とする範囲に書き出されます.「データ区間」は「階級の上限値」に,「頻度」は「度数」に対応しています（図 6.5）.

　この結果を使って相対度数や累積相対度数などを計算し, 度数分布表を完成させてみましょう. N1 にアクティブセルを移動させ, **表1　2020 年国別人口の度数分布表**と入力してください. N2 から順に横に**階級下限, 階級上限, 階級値, 度数, 相対度数, 累積度数, 累積相対度数**と入力してください. N3 から下側に順に **1000, 10000, 50000, 100000, 500000, 1000000** と階級下限を, 隣の列に階級上限を入力してください. 次に階級値を計算します. 階級値は下限値

図 6.4 ［入力範囲（I）］に 2020 年人口のデータである F2 から F79 を, また,［データ区間（B）］を K5 から K10 まで,［出力先（O）］を K13 と指定する.

	K	L
13	データ区間	頻度
14	10000	12
15	50000	38
16	100000	14
17	500000	12
18	1000000	0
19	1500000	2
20	次の級	0

図 6.5 度数の計算結果

オート SUM ボタン

図 6.6　［ホーム］タブを選択し，［オート SUM］を選択する.

	N	O	P	Q	R	S	T
1	表1	2020年国別人口の度数分布表					
2	階級下限	階級上限	階級値	度数	相対度数	累積度数	累積相対度数
3	1,000	10,000	5,500	12	15.4%	12	15.4%
4	10,000	50,000	30,000	38	48.7%	50	64.1%
5	50,000	100,000	75,000	14	17.9%	64	82.1%
6	100,000	500,000	300,000	12	15.4%	76	97.4%
7	500,000	1,000,000	750,000	0	0.0%	76	97.4%
8	1,000,000	1,500,000	1,250,000	2	2.6%	78	100.0%
9				78			

図 6.7　相対度数，累積度数，累積相対度数を計算し，度数分布表
を完成させる.

と上限値の中間値としますので，P3 に＝**(N3＋O3)/2** と入力し，これを複写し
てすべての階級値を計算します．度数の下，Q3 からは，先ほど求めた頻度の値
を複写します．「次の級」の値は必要ありません．

　相対度数を求めるために度数を合計して全数を求めます．オートサム（自動合
計）の機能を使って計算してみます．度数の値の下の Q9 へアクティブセルを移
動してください．［ホーム］タブを選択し，「編集」グループの［オート SUM］
をクリックすると（図 6.6），Q9 に＝SUM（Q3：Q8）が自動的に入りますので，
［Enter］キーを押しますと，合計の 78 が計算されます．相対度数を求めますが，
R3 に＝**Q3/$Q$9** と入力してこれを R8 まで複写し，計算します．次に，累積度
数を求めます．累積度数はその階級までの累積和ですので，S3 に＝**Q3**，S4 に＝
Q4＋S3 と入力し，S4 を S8 までのセルに複写します．最後に累積相対度数を T
列に計算してください．

　セルの幅，文字位置，数字の表示を変更し（人口データは 3 桁ごとにコンマを
入れる，相対度数と累積相対度数は適当な表示桁数のパーセント表示とする），
罫線を使って表をみやすくして完成させてください（図 6.7）.

6.2.2　ヒストグラムの作成

　度数分布表の結果を棒グラフ（ヒストグラム）にしてみます．演習のため，X
軸（横軸）には階級値のデータを使いますが，これは数値データなので次のよう
にグラフを作成します．まず，度数のデータ（Q2 から Q8 まで）をマウスで指

定します．（P列の階級値のデータは指定しません．）［挿入］タブをクリックし，「グラフ」グループの［棒グラフ］→「2-D 縦棒」の［集合縦棒］をクリックします（図6.8）．棒グラフが現れるので，次の操作を行います．（グラフがアクティブになっており，リボンがグラフ編集用のものとなっていることを確認してください．アクティブでない場合は，クリックしてアクティブな状態としてください．）

- ⅰ）　［グラフのデザイン］タブをクリックし，「データ」グループの［データの選択］をクリックします（図6.9）．
- ⅱ）　「データソースの選択」のボックスが現れるので，［横（項目）軸ラベル（C）］の［編集（T）］をクリックします（図6.10）．
- ⅲ）　「軸ラベル」のボックスが現れるので，［軸ラベルの範囲（A）］に階級値の範囲（P3 から P8 まで）をマウスまたはキーボードから入力して指定し，［OK］をクリックします（図6.11）．
- ⅳ）　横軸に階級値が表示されるので，［OK］をクリックします（図6.12）．
- ⅴ）　第3章を参考に，グラフのタイトルを**図1　2020 年国別人口のヒストグラム**としてください．［書式］→［テキストボックス］を選択して横軸のラベ

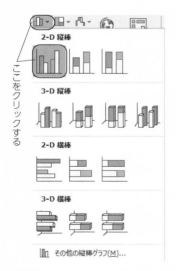

図 6.8　［挿入］タブをクリックし，「グラフ」グループの［棒グラフ］→「2-D 縦棒」の［集合縦棒］をクリックする．

図 6.9　［グラフのデザイン］タブをクリックし，「データ」グループの［データの選択］をクリックする．

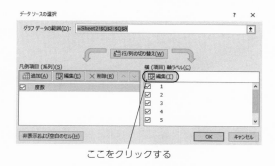

ここをクリックする

図 6.10 「データソースの選択」のボックスが現れるので,［横
（項目）軸ラベル（C）］の［編集（T）］をクリックする.

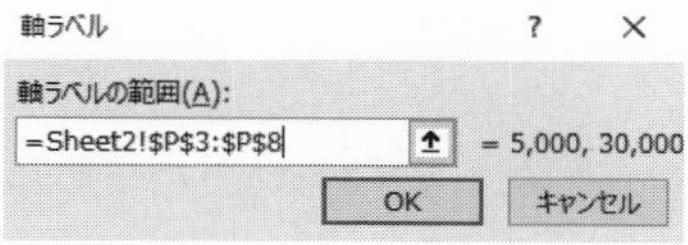

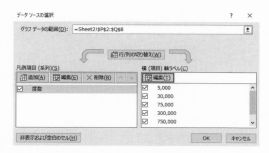

図 6.11 ［軸ラベルの範囲（A）］を P3 から P8
までと指定し,［OK］をクリックする.

図 6.12 横軸に階級値が表示されるので,［OK］をクリックする.

ここをクリックする

図 6.13 ［書式］タブの［テキストボックス］をクリックする.

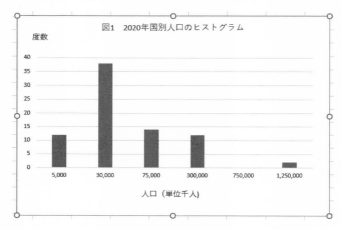

図 6.14　度数分布の結果をヒストグラムにする.

　　ルを人口（単位千人），同様に縦軸のラベルを**度数**としてください.
　　第 3 章を参考にして，グラフの位置，大きさ，フォントのサイズなどを変えて
ヒストグラムを完成させてください（図 6.14）.

6.2.3　累積度数グラフの作成

　　度数分布表で計算した累積度数や累積相対度数をグラフにしてみます．これに
は，散布図（X-Y グラフ）を使いますが，このデータでは，階級の幅が階級に
よって大きく異なりますので，このままグラフにしたのでは，非常にわかりづら
いものになってしまいます．このような場合は，人口の対数をとったものを横軸
（X 軸）としてグラフを作成します.
　　N11 に**対数人口**，O11 に**累積度数**と入力してください．対数人口と入力した
下側の N12 に＝**LOG10 (N3)** と入力します．これは，最初の階級の上限値までの
累積度数を表します．次に，各階級の上限の対数値を計算します．N13 に＝
LOG10 (O3) と入力し，これを N18 まで下側へ複写します．＝**LOG10 (⋯)** は常
用対数を計算する関数で，1 が 0，10 が 1，100 が 2，⋯，というように，桁が 1
桁上がると値が 1 増加します．累積相対度数を隣に入力します．最初の階級の下
限値より小さいデータは存在しませんので，O12 には **0** と入力します．O13 か
ら度数分布表で計算した累積度数を複写します．累積度数は式の形で計算してあ
りますので，値複写の機能を使います.
　　マウスを使って，累積度数を計算した部分（S3 から S8 まで）を指定してくだ

<table>
<tr><td></td><td>N</td><td>O</td></tr>
<tr><td>11</td><td>対数人口</td><td>累積度数</td></tr>
<tr><td>12</td><td>3.00</td><td></td></tr>
<tr><td>13</td><td>4.00</td><td>0</td></tr>
<tr><td>14</td><td>4.70</td><td>12</td></tr>
<tr><td>15</td><td>5.00</td><td>50</td></tr>
<tr><td>16</td><td>5.70</td><td>64</td></tr>
<tr><td>17</td><td>6.00</td><td>76</td></tr>
<tr><td>18</td><td>6.18</td><td>76</td></tr>
</table>

	N	O
11	対数人口	累積度数
12	3.00	0
13	4.00	12
14	4.70	50
15	5.00	64
16	5.70	76
17	6.00	76
18	6.18	78

図 6.15　値の複写を行うには，[ホーム]タブ
　　　　で[貼り付け]の下側の矢印をクリッ
　　　　クし，「値の貼り付け」をクリックする.

図 6.16　対数人口と累積度数を求める.

さい．通常の複写の場合と同様，[ホーム]タブの[コピー]をクリックし，内容をクリップボードへ登録します．アクティブセルを O13 へ移動させ，[貼り付け]の下側の矢印をクリックし，[値の貼り付け (V)]をクリックすると，計算した累積度数の値が複写されます（図 6.15, 6.16）．

　最後に，対数人口と累積度数をグラフにします．N11 から O18 までをマウスで指定し，[挿入]タブから「グラフ」グループの[散布図]をクリックし，散布図の種類として，[散布図（直線）]を選択します（図 6.17）．グラフが現れますので，グラフのタイトルを**図2　国別人口の累積度数グラフ**としてください．ヒストグラムの場合と同様，図を適当な大きさとし，[書式]→[テキストボックス]を使って，横軸のラベルを**対数人口**，縦軸のラベルを**度数**としてください．

図 6.17　[挿入]タブの[散布図]
　　　　→[散布図（直線）]をク
　　　　リックする.

　このままでは，横軸の範囲が広すぎてみにくいので，横軸の最小値と最大値を変更してみます．グラフがアクティブになっていない状態（点が表示されていない状態）で横軸の数字，たとえば[3.00]をダブルクリックします（図 6.18）．面右側に「軸の書式設定」が現れますので，「境界値」の「最小値 (N)」を **2.5**，「最大値 (X)」を **6.5** とし，「閉じる」ボタンをクリックします（図 6.19）．

　グラフの大きさ，位置，フォントサイズなどを変えて，散布図を完成させてく

図2　国別人口の累積度数グラフ

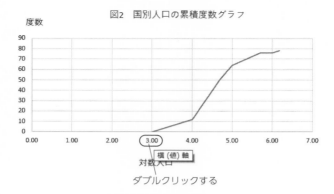

図 6.18　横軸の範囲を変更するにはグラフがアクティブになっていない状態で，横軸の数字（たとえば3.00）をダブルクリックする．

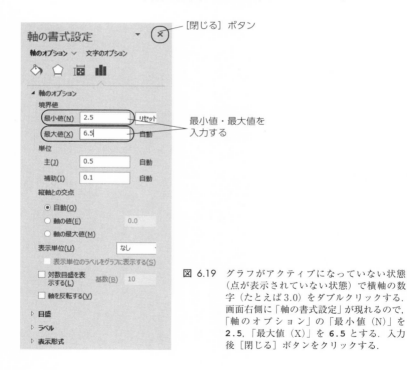

図 6.19　グラフがアクティブになっていない状態（点が表示されていない状態）で横軸の数字（たとえば3.0）をダブルクリックする．画面右側に「軸の書式設定」が現れるので，「軸のオプション」の「最小値（N）」を **2.5**，「最大値（X）」を **6.5** とする．入力後［閉じる］ボタンをクリックする．

ださい（図 6.20）．

6.2.4　ローレンツ曲線

　累積相対度数を使った応用として，特に経済学の分野でよく使われるものに

図2　国別人口の累積度数グラフ

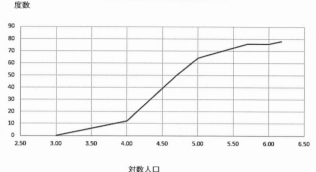

図 6.20　累積度数グラフを完成させる.

ローレンツ曲線があります. これは, 所得や財産の分配の不平等, 不均一性を分析する場合などに利用されます. 今, n 人の人がいたとして, これを所得の低い順, すなわち, 所得が $r_1 \leq r_2 \leq \cdots \leq r_n$ となるように並べ替えます. 所得の低い順から累積所得と累積人口を計算すると, 次のようになります.

人の番号	1	2	3	$\cdots$	n
累積所得	r_1	r_1+r_2	$r_1+r_2+r_3$	$\cdots$	$r_1+r_2+r_3+\cdots+r_n$
累積人口	1	2	3	$\cdots$	n

総所得を $R=r_1+r_2+r_3\cdots+r_n$ とし, i 番目の人までの累積所得 R_i を総所得 R で割って所得の累積相対所得を求め, 累積人口を総人口 n で割って累積相対人口を求めます. この累積相対人口を横軸 (X 軸), 累積相対所得を縦軸 (Y 軸) としてグラフにしたものがローレンツ曲線です.

　最も極端なケースとして, 全員の所得が等しいとすると, グラフはボックスの対角線となります. また, 1 番目から $n-1$ 番目の人の所得が 0 で n 番の人がすべての所得を独占しているケースでは, グラフは, 下側および右側の枠に貼り付いてしまいます. 一般に不平等の度合いが高ければ高いほど, グラフは対角線から離れ, 右下方向へ偏ります. つまり, 対角線からの分離の度合いが大きければ大きいほど, 所得の分配が不平等であり, 対角線と曲線で囲まれた部分の面積は所得分配の不平等性を表していると考えられます (図 6.21). この面積を 2 倍したものは, ジニ係数 (Gini coefficient) と呼ばれる不均一性を表す係数と一致します. ジニ係数についての詳細は, 「人文・社会科学の統計学」(東京大学教養学部統計学教室編, 1994) を参照してください.

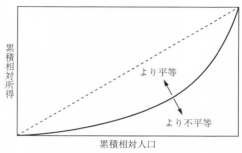

図 6.21   ローレンツ曲線

　国別人口のデータを使ってローレンツ曲線を描いて，国際的な所得分配の平等性について分析してみましょう．ここでは，1 国内の所得のばらつきなどは考慮せず，その国の国民全員が 1 人あたり GDP の平均の所得があるとします．

　「一人当 GDP」と「2020 年人口」のデータを，A85 を先頭とする範囲へフィールド名を含めて複写してください．このデータを 1 人あたり GDP の小さい順に並べ替えてください．並べ替えは，今複写したリストの中にアクティブセルを移動させ，［データ］タブ→（「並べ替えとフィルター」グループの）［並べ替え］を選び，「最優先されるキー」で［一人当 GDP］を指定し，並べ替えの条件を［小さい順］とし，［OK］をクリックします．

　次に，国ごとの GDP を計算します．人口は 1,000 人単位，1 人あたり GDP はドルですので，このままでは桁数が大きくなりすぎます．10 億ドル単位で計算してみましょう．C85 に **GDP** と入力し，C86 に**＝A86＊B86/1E6** と入力します．1E6 は 1,000,000 を指数表示したものです．これをすべての国について複写してください．

　累積人口と累積所得を計算します．D85 と E85 に**累積人口**と**累積所得**と入力します．累積人口は，100 万人単位で計算しましょう．D86 に**＝B86/1000**，D87 に**＝D86＋B87/1000** と入力し，D87 をすべての国について複写します．累積人口が計算できましたので，累積所得を計算します．E86 に**＝C86**，E87 に**＝E86＋C87** と入力し，これを複写します．

　次に，累積相対人口と累積相対所得を計算します．F85 と G85 に**累積相対人口**と**累積相対所得**と入力します．D 列と E 列の値を各々の総合計で割って，F 列と G 列に累積相対人口と累積相対所得を計算してください（図 6.22）．（F86 に**＝D86/D$163** と入力し，これを F 列と G 列に複写します．）

	A	B	C	D	E	F	G
85	一人当GDP	2020年人口	GDP	累積人口	累積所得	累積相対人口	累積相対所得
86	338	20,284	7	20	7	0.29%	0.01%
87	378	24,075	9	44	16	0.64%	0.02%
88	426	32,309	14	77	30	1.10%	0.04%
89	450	27,691	12	104	42	1.50%	0.05%
90	463	89,505	41	194	84	2.78%	0.11%

図 6.22 「一人当 GDP」と「2020 正人口」のデータを,「一人当 GDP」の小さい順に並べ換え,累積相対人口と累積相対所得を計算する.

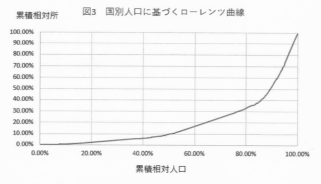

図 6.23 ローレンツ曲線のグラフを完成させる.

　最後にこれを散布図(X-Y グラフ)にして,ローレンツ曲線を完成させます.累積相対人口と累積相対 GDP のデータの範囲を,フィールド名を含めマウスで指定します.[挿入]タブの[散布図]をクリックし,グラフの種類として,[散布図(直線)]を選択します.グラフのタイトルを**図3　国別人口に基づくローレンツ曲線**とします.[書式]の[テキストボックス]の挿入を使って,横軸のラベルを**累積相対人口**,縦軸のラベルを**累積相対所得**としてください.

　ローレンツ曲線が現れますので,位置,グラフの大きさ,軸目盛り,フォントサイズなどを変えて,グラフを完成させてください(図 6.23).

6.3　国別人口データを使った演習

1. 人口増加率,人口密度の度数分布表をつくり,度数,累積度数をヒストグラム,累積度数グラフに表してください.
2. 2070 年人口と 1 人あたり GDP のデータを使い,ローレンツ曲線を描いてください.

7. 代表値・散らばりの尺度の計算

　前章で述べた度数分布表による分析には，データの分布の特性をヒストグラムなどをみて総合的に判断できる，直感的でわかりやすいなどの長所があります．しかし，これを数理的に取り扱うことはなかなか困難です．また，階級のとり方などでヒストグラムの形などがかなり変わってしまうなど，客観性に問題があります．

　代表値，散らばりの尺度は，データの分布を表す値です．これらによって分布の多くの情報を整理・要約して表すことができます．代表値，散らばりの尺度は一定の方法によって数量的に計算されるため，客観性や厳密性などの点で優れており，理論的展開も容易です．

　なお，代表値，散らばりの尺度などがどの程度よくデータの分布を表すことができるか，その性質がどうであるかは，当然，データの分布の特性に依存します．分布の特性については，度数分布表やヒストグラムによる分析から，かなりよく知ることができますので，両者はどちらか一方で十分というわけではなく，相互補完的な分析手法であるといえます．

7.1　分布の代表値

　代表値は，分布の位置に関する情報を与えます．ここでは，重要なものとして，平均，加重平均，中央値（メディアン），分位点について，その意味を説明します．

7.1.1　平　　　均

a. 平　　　均

　平均（mean，正確には算術平均と呼ばれますが，ただ単に平均といった場合この算術平均を指しますので，平均と呼びます）は，最も広く使われている代表値であり，すべての観測値を加えてそのデータの数 n で割ります．平均 $\bar{x}$ は，

(7.1)
$$\bar{x} = (x_1 + x_2 + \cdots + x_n)/n = (\textstyle\sum x_i)/n$$

で計算されます. $\sum$ は x_1 から x_n までを加える合計の記号です. Excel では,平均を計算する関数が用意されており, **AVERAGE**(データの範囲)で簡単に計算することができます.

b. 加重平均

今使っている国別人口のデータをみてください. ここに記載されているすべての国の1人あたり GDP の平均を求めてみます. 国ごとに人口が違いますので,ただ単に平均をとることはできません. このような場合,国ごとの人口で重みを付けた平均(加重平均, weighted avergage)を計算します. 加重平均 $\bar{x}_w$ は,

$$(7.2) \qquad \bar{x}_w = w_1 \cdot x_1 + w_2 \cdot x_2 + \cdots + w_n \cdot x_n = \sum w_i \cdot x_i$$

で計算されます. $w_1,\ w_2,\ \cdots,\ w_n$ は,各国人口の総人口に対する割合(相対人口)で,この重みの和は,ちょうど1となっています. また,すべての重みが等しく $1/n$ の場合,加重平均は平均と等しくなります. この加重平均の考え方は,平均を度数分布表から求める場合にも応用されます.

7.1.2 中　央　値

中央値(メディアン, median)は,観測値を「小さい順に並べ替えた場合の中央」すなわち,50% の値です. 中央値 x_M は,

$$(7.3) \qquad x_M = \begin{cases} (n+1)/2 \text{ 番目に大きな値} & (n \text{ が奇数の場合}) \\ \{n/2 \text{ 番目に大きな値} + (n/2+1) \text{ 番目に大きな値}\}/2 \\ & (n \text{ が偶数の場合}) \end{cases}$$

で定義されます. 一部の観測値の値が他のものに比較して極端に大きかったり小さかったりして分布が歪んでいる場合などは,平均は代表値として使うにはあまり適当ではありません. このような場合は,中央値のほうが代表値として望ましいといえます. 中央値は,累積相対度数の 50% 点に対応しています.

Excel では,関数を使って **MEDIAN**(データの範囲)で中央値を計算することができます.

7.1.3 分　位　点

中央値は観測値を小さい順に並べた場合の 50% の点ですが,分位点はこれを一般化したものです. $p\%$ の点は p パーセンタイル(percentile)または p パーセント分位点と呼ばれ, $m = n \cdot p$, $m^* = (m$ より大きいか等しい整数の中で最小の数)とすると,

$$(7.4) \quad x_p = \begin{cases} m^* \text{ 番目に大きな値} & (m \text{ に小数部分がある場合}) \\ \{m^* \text{ 番目に大きな値} + (m^*+1) \text{ 番目に大きな値}\}/2 \\ & (m \text{ が整数の場合}) \end{cases}$$

で定義します．このように定義すると，小さいほうから数えた p パーセント分位点と，逆に大きいほうから数えた $(100-p)$ パーセント分位点が一致します．中央値は $p=50\%$ ですので，これに含まれています．

Excel では，**PERCENTILE**（データの範囲，率），$0\leq$率≤1 で計算することができますが，線形補間を行って求めていますので，ここでの定義と少し異なった値となる場合があります．（本書の定義のほうがより自然です．）

データの分析でよく使われる分位点に，四分位点（quartile）があります．これは，データを小さい順に 25% ずつ 4 等分する 3 点で，第 1 四分位点（25 パーセント分位点），第 2 四分位点（50 パーセント分位点，中央値），第 3 四分位点（75 パーセント分位点）があります．

Excel では，四分位点は **QUARTILE**（データの範囲，数値）で求めることができます．数値には，0 から 4 までの整数を入れ，0 は最小値，1 は第 1 四分位点，2 は第 2 四分位点，3 は第 3 四分位点，4 は最大値が計算されます．

7.2 散らばりの尺度

図 7.1 のような 2 つの分布を考えてみましょう．この 2 つの分布は，平均や中央値などは同一ですが，A に比較して B のほうが広い範囲に散らばっていて，分布の形がかなり異なっています．散らばりの尺度は，分布の形状を表すものですが，（代表値のまわりに）どのように散らばっているかを表し，分布の広がりが大きいかどうかを示す尺度です．ここでは，散らばりの尺度のうち，範囲，四

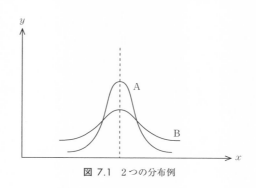

図 7.1　2 つの分布例

分位偏差，分散と標準偏差について説明します．

7.2.1 範　　囲

範囲（レンジ，range）は，「観測値の最大値と最小値」の差で表されます．範囲は，大まかな散らばりの程度を与えますが，最大値と最小値だけから計算されるため，観測値に極端に大きい値や小さい値がある場合，それによって大きく影響されるという欠点があります．

7.2.2 四 分 位 偏 差

四分位偏差（quartile deviation）は，

(7.5)　　　　　（75 パーセント分位点－25 パーセント分位点)/2

で計算されます．範囲のように極端な値があっても影響されない利点がありますが，すべての観測値の値が反映されていない（例えば，75 パーセント分位点より大きい観測値や 25 パーセント分位点より小さい観測値には，その値がどのようであろうが影響されません）といった問題点があります．

7.2.3 分散と標準偏差

散らばりの尺度として，最も広く使われるのが，各観測値と平均の差（各観測値が平均からどれだけ離れているかを表し，これを偏差（deviation）と呼びます）に基づくものです．偏差は正負いずれをもとりますので（ただ単に合計しただけでは 0 となってしまいます），符号の影響を取り除くため 2 乗し，その合計を n で割ったものが分散（variance）です．これまでと同様，n はデータの数です．（分散を求めるのに偏差の二乗和を $n-1$ で割る場合もありますが，本章の段階では一応 n で割るものとします．偏差の二乗和を n で割るか $n-1$ で割るかについては，後の章で説明しますが，本項の終わりに簡単にまとめましたので，参照してください．)

分散 S^2 は，

(7.6)　　　$S^2 = \{(x_1-\bar{x})^2 + (x_2-\bar{x})^2 + \cdots + (x_n-\bar{x})^2\}/n = \sum (x_i-\bar{x})^2/n$

で計算されます．分散は偏差を平方したものの平均ですので，このままでは直接もとのデータと比較できません．（例えば，2 乗したことによって単位が変わってしまいます．）そこで，この平方根をとった S を標準偏差（standard deviation）と呼び，分析に用います．分散と標準偏差にどのような意味があるかについては，後ほど詳しく学習します．

Excel では，関数を使い，分散は **VARP**（データの範囲）で，標準偏差は **STDEVP**（データの範囲）で計算することができます．

▷ 偏差の二乗和を n で割るか $n-1$ で割るか

われわれが知りたいと思う集団全体（例えば，日本人全体）を母集団と呼びます．母集団全体を調べることを全数調査と呼びますが，全数調査を行うことができることはまれで，多くの場合，母集団の一部を選び出し，これを調査します．選び出されたものを標本（サンプル），選び出すことを標本抽出，このような調査を標本調査と呼びます．例えば，報道機関などが日本人の意識調査などを行う場合に，数千人を選んでアンケート調査を行うなどです．

統計学では，分散は，得られたデータが母集団全体の場合は n，標本の場合は $n-1$ で割って計算します．標本調査の場合，$n-1$ で割ったほうが理論的な扱いが簡単になります．

Excel では，分散と標準偏差を，

母集団の場合（偏差の平方和を n で割る）　　　**VARP, STDEVP**

標本の場合（偏差の平方和を $n-1$ で割る）　　　**VAR, STDEV**

で計算しています．

7.3　度数分布表からの代表値・散らばりの尺度の計算

代表値や散らばりの尺度は，度数分布表から計算することもできます．（もちろん，階級の幅の影響がありますので，計算結果は近似値になります．）ここでは，平均，中央値・p パーセント分位点，分散・標準偏差の度数分布表からの求め方について，簡単に述べます．

7.3.1　平　　　均

度数分布表では，階級値がその階級を代表しますので，階級値の観測値がその階級の度数個あるとして平均を求めます．これは，各階級の階級値と相対度数を掛けたものの合計を計算することと同一の結果となります．

階級の数を K，i 番目の階級の階級値を m_i，相対度数を r_i とすると，度数分布表から求める平均 $\bar{x}^*$ は，

$$(7.7) \qquad \bar{x}^* = r_1 \cdot m_1 + r_2 \cdot m_2 + \cdots + r_K \cdot m_K = \sum r_i \cdot m_i$$

となります．これは，階級値の相対度数を重みとする加重平均となっていることに注意してください．

7.3.2　中央値・p パーセント分位点

中央値を度数分布表から求めるには，まず中央値を含む階級を見つけます．中央値は 50 パーセント分位点ですので，その階級の前の階級までの累積相対度数が 50% より小さく，かつその階級まで（その階級を含みます）の累積相対度数が 50% 以上となる階級を見つけます．（累積相対度数は単調増加ですので，この条件を満たす階級は通常 1 つしかありません．）この条件を満たす階級の下限値

を x_L，上限値を x_U，前の階級までの累積相対度数を R_0，その階級までの累積相対度数を R_1 とします．R_0 と R_1 は当然 $R_0 < 50\% \leq R_1$ を満足します．

中央値は，R_0 が 50% に近ければその階級の下限値に，R_1 が 50% に近ければ上限値に近いと考えられますので，その階級の幅を R_0 と R_1 の値に応じて比例配分して決定します．中央値 $x_M{}^*$ は，

(7.8) $$x_M{}^* = x_L + (x_U - x_L) \cdot \{(50\% - R_0)/(R_1 - R_0)\}$$

で計算します．これは，累積相対度数グラフを使って 50% となる点を求めることに対応しています．

また，中央値を一般化した p パーセント分位点 $x_p{}^*$ は，$R_0 < p\% \leq R_1$ となる階級を見つけ，その階級を比例配分して決定しますので，

(7.9) $$x_p{}^* = x_L + (x_U - x_L) \cdot \{(p\% - R_0)/(R_1 - R_0)\}$$

となります．中央値の場合と同様，条件を満たす階級の下限値を x_L，上限値を x_U，前の階級までの累積相対度数を R_0，その階級までの累積相対度数を R_1 とします．

7.3.3 分散・標準偏差

分散は，平均の場合と同様，階級値にその階級の度数分の観測値があるものと見なして計算します．度数分布表から計算した平均を階級値から引いたものの二乗和に相対度数を掛け，それをすべての階級について合計したものとなります．前と同様に階級の数を K，i 番目の階級の階級値を m_i，相対度数を r_i，度数分布表から求めた平均を $\bar{x}^*$ としますと，度数分布表から計算した分散 S^{*2} は，

(7.10) $$S^{*2} = r_1 \cdot (m_1 - \bar{x}^*)^2 + r_2 \cdot (m_2 - \bar{x}^*)^2 + \cdots + r_K \cdot (m_K - \bar{x}^*)^2$$
$$= \sum r_i (m_i - \bar{x}^*)^2$$

となり，標準偏差 S^* はその平方根となります．分散は，階級値と平均の差（ここでは，「階級値の偏差」，またはただ単に「偏差」と呼ぶことにします）の 2 乗の相対度数を重みとする加重平均となっています．

7.4 国別人口データを使った代表値・散らばりの尺度の計算

7.4.1 もとのデータからの計算

ここでは，国別人口データを使って，代表値，散らばりの尺度を計算してみます．現在のワークシート（Sheet 2）は度数分布表やそのヒストグラムなどがあってかなり使いにくくなっていますので，Sheet 3 に計算してみます．[ホーム] タブの [挿入]→[シートの挿入（S）] をクリックし，Sheet 3 を挿入して下さい．

2020 年人口のデータを，フィールド名を含めて Sheet 3 の A1 から A79 へ複写してください．

　代表値として平均，25 パーセント分位点，中央値（50 パーセント分位点），75 パーセント分位点を，散らばりに関する尺度として，範囲，四分位偏差，分散，標準偏差を計算してみましょう．人口データについていくつかの操作を行いますので，データの範囲を名前で登録しておきましょう．A2 から A79 までのフィールド名を含まないデータ範囲をマウスを使って指定してください．次に，[数式] タブの「定義された名前」グループから [名前の定義] を選択し，この範囲に人口 2 と名前を付けます．（なお，「人口 1」も Sheet 2 にある 2020 年人口のデータの範囲を表していますが，ここでは，演習のため別に名前を付けるものとします．）

　平均などを計算しますが，E1 に**元のデータから**と入力し，E2 から下側に順に**平均**，**25％分位点**，**中央値**，**75％分位点**，**範囲**，**四分位偏差**，**分散**，**標準偏差**と入力してください．次に平均を計算します．関数を使って計算しますので，F2 にアクティブセルを移動させ，**＝AVERAGE（人口 2)** と入力します．

　次に，25 パーセント分位点，中央値，75 パーセント分位点の四分位点，分散，標準偏差を求めます．これらの意味を理解するため，Excel で用意されている関数を使わずに計算してみます．まず，25 パーセント分位点，中央値，75 パーセント分位点の四分位点を計算しますが，データを人口の小さい順に並べ替えます．アクティブセルを人口のリスト（フィールド名＋データ）の中の適当なセルへ移動させてください．[データ] タブ→（「並べ替えとフィルター」グループの）[並べ替え] を選択します．「並べ替え」のボックスが現れますので，並べ替えの条件を [小さい順] として，[OK] をクリックします．

　人口の小さい順に並べ替えが行われましたので，3 つの四分位点を求めます．$78 \times 25\% = 19.5$，$78 \times 50\% = 39$，$78 \times 75\% = 58.5$ ですので，パーセント分位点の定義に従い，各四分位点は，

　　25 パーセント分位点：　　20 番目のデータ

　　中央値：　　　　　　　　39 番目と 40 番目のデータの平均

　　75 パーセント分位点：　59 番目のデータ

となります．20 番目は A21，39 番目は A40，40 番目は A41，59 番目は A60 ですので，F3 に**＝A21**，F4 に**＝(A40＋A41)/2**，F5 に**＝A60** と入力し，各四分位点を計算します．

　範囲は，最大値−最小値ですので，F6 に＝**A79−A2** と入力します．四分位偏差は，(75 パーセント分位点−25 パーセント分位点)/2 ですので，F7 に＝**(F5−F3)/2** と入力します．

　B1 に**偏差**，C1 に**偏差の二乗**と入力してください．偏差は，観測値と平均の差ですので，B2 に＝**A2−$F$2** と入力し，これをすべての観測値（B3 から B79 まで）に複写します．C2 に＝**B2^2** と入力し，これを C3 から C79 に複写して偏差の 2 乗を求めます．値が大きくなりますので，指数表示としてください．偏差の 2 乗の合計（偏差の二乗和）を C80 に計算します．（この合計の計算には，前章で説明したオートサムの機能（［ホーム］タブの「編集」グループの［オートSUM］をクリック）を使うと便利です．）偏差の二乗和を n で割って分散を求めます．F8 に＝**C80/COUNT(人口2)** と入力してください．**COUNT** は，対象としている範囲のセルのデータを数える関数で，これによってデータの数 n を簡単に求めることができます．標準偏差は分散の平方根ですので，F9 に＝**SQRT(F8)** と入力してください．（なお，平方根は＝**F8^0.5** としても計算可能で，普通の場合は実用上の差はありませんが，一般的に，専用関数は精度・計算時間で優れていますので，平方根の計算には **SQRT** を使うことにします．）

　すでに述べたように，Excel では，四分位点，分散，標準偏差を計算する関数が用意されています．これらの値は，

25 パーセント分位点：	＝**QUARTILE(人口2,1)**
中央値：	＝**MEDIAN(人口2)**
75 パーセント分位点：	＝**QUARTILE(人口2,3)**
範囲：	＝**MAX(人口2)−MIN(人口2)**
分散：	＝**VARP(人口2)**
標準偏差：	＝**STDEVP(人口2)**

で求めることができますので，これらの関数を入力して，今の計算結果と比較してください（図 7.2）．25 パーセント分位点と 75 パーセント分位点は定義方法が異なりますので多少違いますが，他の計算結果は一致しています．（なお，今後はすべて関数を使って行いますので，このような面倒な計算を行う必要はありません．）

7.4.2　度数分布表からの計算

　代表値，散らばりの尺度を，度数分布表から計算してみます．Sheet 2 でつくった「2020 年国別人口の度数分布表」を，表題や項目名の 2 行を含めて Sheet

▲	E	F	G
1	元のデータから		
2	平均	89,443	
3	25%分位点	17,336	17,422
4	中央値	32,589	32,589
5	75%分位点	69,411	68,957
6	範囲	1,420,245	1,420,245
7	四分位偏差	26,038	25,768
8	分散	4.9420.E+10	4.9420.E+10
9	標準偏差	222,305	222,305

図 7.2　代表値と散らばりの尺度

3 の E11 を先頭とする場所へ複写してください．度数分布表の中で計算式を使っていますので，値複写の機能（[ホーム] タブの [コピー] をクリックして，クリップボードに登録後，[貼り付け] の下側の矢印をクリックし，そのメニューから [値の貼り付け] を選択）を使ってください．

　まず，平均を計算してみます．平均は階級値と相対度数を掛けあわせたものの合計ですので，度数分布表の累積相対度数の隣の L12 に**階級値＊相対度数**，その下に**＝G13＊I13** と入力し，これをすべての階級に複写します．（列の幅は適当に調節してください．）最後に，オートサムの機能を使って，合計を度数分布表の下の L19 に計算して，平均を求めてください（図 7.3）．

　次に，分散を計算します．分散は，階級値の偏差の 2 乗に相対度数を掛け，それを合計したものです．M12 に**偏差の二乗＊相対度数**と入力し，その下に**＝(G13−$L$19)^2＊I13** と入力し，これをすべての階級に複写し，最後に合計を計算してください（図 7.4）．

▲	G	H	I	J	K	L
	·布表					
	階級値	度数	相対度数	累積度数	累積相対度数	階級値*相対度数
	5,500	12	15.4%	12	15.4%	846
	30,000	38	48.7%	50	64.1%	14,615
	75,000	14	17.9%	64	82.1%	13,462
	300,000	12	15.4%	76	97.4%	46,154
	750,000	0	0.0%	76	97.4%	0
	1,250,000	2	2.6%	78	100.0%	32,051
						107,128

図 7.3　度数分布表からの平均の計算

▲	L	M
11		
12	階級値*相対度数	偏差の二乗*相対度数
13	846	1.5890.E+09
14	14,615	2.8981.E+09
15	13,462	1.8527.E+08
16	46,154	5.7230.E+09
17	0	0.0000.E+00
18	32,051	3.3491.E+09
19	107,128	4.3887.E+10

図 7.4　度数分布表からの分散の計算

次に，四分位点を計算します．各四分位点を含む階級は，

分位点	階級下限（L）	階級上限（U）
25%	10,000	50,000
50%	10,000	50,000
75%	50,000	100,000

です．E21から下側に**四分位点**，**25%**，**50%**，**75%**と入力してください．その隣に各四分位点を計算してみます．公式に従い，F22から順に，

=E14＋(F14−E14)＊(0.25−K13)/(K14−K13)

=E14＋(F14−E14)＊(0.5−K13)/(K14−K13)

=E15＋(F15−E15)＊(0.75−K14)/(K15−K14)

と入力します．

以上で度数分布表からの平均，分散，四分位点の計算ができました．この結果を，もとのデータからの結果の隣にまとめてみます．H1に**度数分布表から**と入力し，計算した結果をその下に項目に対応させて表示し，その結果を比較してください（図7.5）．計算結果は，式で与えられていますので，値複写（[ホーム]タブの［コピー］をクリックして，クリップボードに登録後，［貼り付け］下側の矢印→[値の貼り付け]を選択）の機能を使ってください．

	E	F	G	H
1	元のデータから			度数分布表から
2	平均	89,443		107,128
3	25%分位点	17,336	17,422	17,895
4	中央値	32,589	32,589	38,421
5	75%分位点	69,411	68,957	80,357
6	範囲	1,420,245	1,420,245	1,499,000
7	四分位偏差	26,038	25,768	31,231
8	分散	4.9420.E+10	4.9420.E+10	4.3887E+10
9	標準偏差	222,305	222,305	209,491

図 7.5 代表値と散らばりの尺度の計算結果

なお，範囲は（階級上限値の最大値−階級下限値の最小値）から，四分位偏差は四分位点の結果から計算してください．度数分布表からの計算結果は近似値ですので，多少誤差が出ています．

7.5 国別人口データを使った演習

人口増加率の平均，四分位点（25%，50%，75%），範囲，四分位偏差，分散，標準偏差を，

1. もとのデータから（平均を除き）関数を使わずに，
2. Excel の関数を使って，
3. 第 6 章の演習問題で作成した度数分布表から，

求め，結果を比較してください.

恐縮ですが
切手を貼付
して下さい

１６２−８７０７

東京都新宿区新小川町6-29

株式会社 朝倉書店

愛読者カード係 行

本書をご購入ありがとうございます。今後の出版企画・編集案内などに活用させ
いただきますので, 本書のご感想また小社出版物へのご意見などご記入下さい。

フリガナ			
名前		男・女　年齢　　　歳	

自宅　〒　　　　　　　　　　電話

mailアドレス

勤務先
校 名　　　　　　　　　　　　　　　　　　（所属部署・学部）

上所在地

所属の学会・協会名

購読　・朝日 ・毎日 ・読売　　　ご購読（　　　　　　　　　）
新聞　・日経 ・その他（　　　　　）　雑誌

本書を何によりお知りになりましたか

1．広告をみて（新聞・雑誌名
2．弊社のご案内
　　（●図書目録●内容見本●宣伝はがき●E-mail●インターネット●他
3．書評・紹介記事（
4．知人の紹介
5．書店でみて　　　　6．その他（

書名『

お買い求めの書店名（　　　　　　　市・区　　　　　　　　書店
　　　　　　　　　　　　　　　　　　町・村

本書についてのご意見・ご感想

今後希望される企画・出版テーマについて

・図書目録の送付を希望されますか？
　　　　　・図書目録を希望する
　　　　→ご送付先　・ご自宅　・勤務先

・E-mailでの新刊ご案内を希望されますか？
　　　　　　　・希望する　・希望しない　・登録済み

8. 二次元のデータの整理・分析

第6章と第7章では，一次元のデータの整理・分析について述べましたが，ここでは，二次元のデータの整理・分析について学習します．二次元のデータとは，観測する対象 i について，身長と体重というような2つの変数の観測値 (x_i, y_i) が同時に得られるようなデータです．二次元のデータでは，2つの変数間の関係がどうなっているかを分析することが重要となりますが，ここでは，散布図と分割表による分析，相関係数について学習します．一次元のデータの場合と同様，散布図，分割表，相関係数についての説明は必要最小限にとどめましたので，詳細は『統計学入門』（東京大学教養学部統計学教室編，1991）第3章を参照してください．

8.1 散布図・分割表の作成

8.1.1 散布図と分割表

二次元のデータでは，i 番目の観測対象について，2つの変数の観測値 (x_i, y_i) が同時に得られます．2つの観測値がすべて量的データである場合，これを X-Y グラフに書いてその関係を考察することができます．例えば，図8.1 (a) のような場合は，明らかに2つの変数間に関係があると考えることができますが，同図 (b) のような場合はあまり関係があるとは考えられません．このようなグラフを散布図（scattergram）と呼びます．散布図を書く場合，X軸にはより根元的な変数や原因となる変数を，Y軸には説明される変数や結果となる変数をとります．

データが，x が性別（男，女），y が学歴（中卒，高卒，大卒以上）というように，属している状態やカテゴリーを表す場合（第4章で説明したように，このようなデータを質的データと呼びます），散布図に表すことはできません．このような場合，x と y をとりうる状態によって二次元の表にし，各状態ごとにその度数を数え集計したものが分割表（contingency table）です．分割表はクロス集

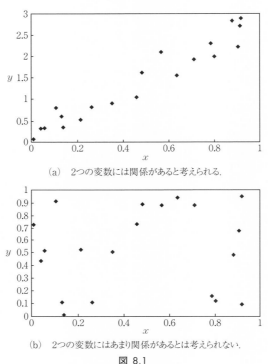

(a)　2つの変数には関係があると考えられる.

(b)　2つの変数にはあまり関係があるとは考えられない.

図 8.1

計表（cross table）とも呼ばれます.

　x の変数は縦方向に，y は横方向にとりますが，縦方向にある変数を表側，横方向にある変数を表頭と呼びます. 表側にはより根元的な変数や原因となる変数を，表頭には説明される変数や結果となる変数をとります. 表側のとりうる状態の数が s，表頭のとりうる状態の数が t の場合の分割表は，$s \times t$ 分割表と呼ばれます.

　一方または両方のデータが量的データである場合は，これを適当な階級に分けて分割表を作成します. この場合，x を s 個，y を t 個の階級（質的データの場合はとりうる状態）に分けますと，全体では $s \cdot t$ 個の集計を行うことになり，s や t を大きくすると，クロスの数が多くなりすぎます. 一次元の度数分布表の場合以上に，データ数に比べて s や t をあまり大きくしないように注意する必要があります.（残念ながら，それぞれいくつの階級に分けたらよいかについては，一般的なルールはありません. データの大きさと目的に応じて適当に判断する必

要があります.）両方のデータが量的データである場合，分割表は相関表とも呼ばれます.

　2つの変数間の関係を調べるには，相対度数を計算します．一次元のデータの場合と異なり，相対度数としては，ⅰ）横の合計に対するもの（横比），ⅱ）縦の合計に対するもの（縦比），ⅲ）全数に対するもの，の3つが考えられます．これらは目的に応じて使用されますが，一般には表側により根元的な変数や原因となる変数をとるため，横比が多く使われます.

8.1.2　国別人口データを使った散布図・分割表の作成

a.　散　　布　　図

　国別人口データを使い，1人あたり GDP と人口増加率を散布図に表して，その関係を考察してみましょう．この場合，1人あたり GDP の人口増加率への影響を分析するのが目的ですので，X 軸を1人あたり GDP，Y 軸を人口増加率とします．まず，［ホーム］タブ→［挿入］右側の矢印をクリックし，そのメニューから［シートの挿入（S）］をクリックして，Sheet 4 を挿入してください．Sheet 4 の A1 からの範囲に Sheet 1 から1人あたり GDP のデータ（必ず，フィールド名を含めてください）を複写してください．1人あたり GDP は，このままでは最大と最小が100倍以上違い，グラフにするには適しませんので，常用対数をとります．B1 に**対数 GDP** と入力してください．B2 に **=LOG10(A2)** と入力し，これをすべてのデータに複写します．（Excel では対数値を計算しなくても，散布図の目盛りの選択によって，X 軸，Y 軸の目盛りを対数で表示したグラフを作成することが可能ですが，ここでは後の作業との連続性から対数値を計算しておくことにします．）次に，C1 からの範囲に人口増加率を複写しますが，人口増加率は式で計算されていますので，値複写の機能を使ってください.

　対数 GDP と人口増加率をグラフにします．データの範囲（B1 から C79 まで）をマウスで指定し，［挿入］タブ→（「グラフ」グループの）［散布図］をクリックします．散布図の種類で，［散布図（マーカーのみ）］を選択します（図8.2）．タイトルを**図1　一人当たり GDP と人口増加率の散布図**とします．グラフがアクティ

ここをクリックする

図 8.2　散布図でマーカーのみの散布図を選択する.

ブになっていることを確認して, [書式] タブをクリックし, [テキストボックス] をクリックして, X軸（横軸）のラベルを**対数一人当たりGDP**, Y軸（縦軸）のラベルを**人口増加率**としてください. ワークシートに現れたグラフの大きさ, 位置, X軸の軸目盛りの変更 X軸の数値をダブルクリックして「軸の書式設定」を表示し,「軸オプション」で「最小値」を**2.0**「最大値」を**5.0**とする. 最後に「閉じる」ボタンをクリックする（図8.3）. フォントのサイズなどの変更を行って, グラフを完成させてください.

　この散布図は, 全体的に点が左上方から右下方向へ分布しており, 1人あたりGDPが増加すると, 人口増加率が減少する傾向がみられます（図8.4）.

b. 分　割　表

　ここでは, ピボットテーブルを使って分割表をつくってみます. ピボットテーブルは, Excelの機能の1つで, これによって複雑な集計を簡単に行うことができます. ここでは, 混乱を避けるため, 最も基本的な操作だけを使って分割表の作成を行います.

　1人あたりGDP, 人口増加率とも量的データですので, これを**IF**関数を使っ

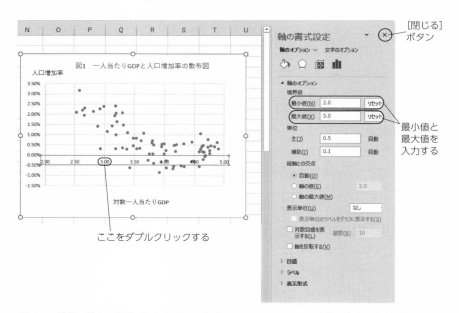

図8.3 横軸の数字の部分（たとえば4.00）をダブルクリックする.「軸の書式設定」が表示されるので「最小値（N）」を**3.0**,「最大値（X）」を**5.0**とする.

図1　一人当たりGDPと人口増加率の散布図

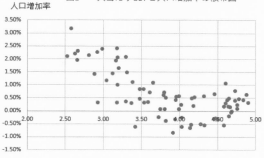

図 8.4　散布図を完成させる.

ていくつかの階級に分け，質的データと同じように取り扱えるようにします．1
人あたり GDP を 16,000 ドルを基準として，それ以上を高所得国，それ未満を
低所得国とします．D1 に所得と入力し，**D2 に＝IF(A2＜16000,"低","高")** と
入力してください（図 8.5）．**IF** 関数は，最初の引数に条件を入れ（この場合は
16,000 ドル未満），2 番目に条件が正しい場合に行うこと（この場合は「低」と
いう文字を表示します．数字，式，関数，文字を入れることができますが，文字
の場合は必ず " " で囲んでください），3 番目に条件が正しくない場合に行うこと
を入れます．これをすべてのデータについて複写してください．なお，関数を入
力する場合，関数名，「, 」，「"」，「(」，「)」などは全角ではうまくいかない場
合がありますので，英数字モードの半角文字で入力するようにしてください．
　次に，人口増加率によって，1.0% 以上の高人口増加国，0.5% 以上 1.0% 未
満の中人口増加国，0.5% 未満の低人口増加国に分けてみます．E1 に人口増加
と入力し，E2 に＝**IF(C2＜0.005，"低"，IF(C2＜0.01，"中"，"高"))** と入
力します（図 8.6）．この場合，最初の 0.5% より小さいという条件が正しくな
い場合，3 番目の引数の IF 関数が実行されます．これをすべてのデータについ
て複写してください．
　ピボットテーブルによる集計を簡単に行うために，F1 に度数と入力し，F2 か
ら F79 にまで **1** を入力します．（1 を 78 回入力しないで，複写機能を使ってくだ
さい．）アクティブセルをリストの中（A1 から F79 まで）の適当なセルへ移動し
てください．［挿入］タブをクリックし，「テーブル」グループの［ピボットテー

図 8.5 **IF** 関数を使い, 低所得国 (16,000
    ドル未満) と高所得国 (16,000 ド
    ル以上) に分ける.

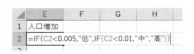

図 8.6 **IF** 関数を使い, 人口増加率に
    よって, 低人口増加国, 中人口
    増加国, 高人口増加国に分ける.

ここをクリックする

図 8.7 [挿入] タブをクリックし,「テー
    ブル」グループの [ピボットテー
    ブル] を選択する.

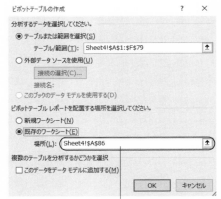

配置場所を入力する

図 8.8 「ピボットテーブルの作成」のボックス
    が現れるので,「分析するデータを選択
    してください.」の [テーブル/範囲 (T)]
    が正しく指定されているかを確認する.
    次に,「ピボットテーブルを配置する場
    所を選択してください.」で [既存のワー
    クシート (E)] をクリックし, [場所 (L)]
    にキーボードまたはマウスを使って
    A86 を入力し, [OK] をクリックする.

ブル] を選択します (図 8.7).「ピボットテーブルの作成」のボックスが現れる
ので,

    i) 「分析するデータを選択してください.」の [テーブル/範囲 (T)] が正
    しく指定されているかを確認します.

    ii) 「ピボットテーブルレポートを配置する場所を選択してください.」で
    [既存のワークシート (E)] をクリックし, [場所 (L)] にキーボードまた
    はマウスを使って A86 を入力し, [OK] をクリックします (図 8.8).

A86 からの範囲に「ピボットテーブル 1」が, 画面の右側に「ピボットテーブ
ルのフィールド」が現れます (図 8.9). 右側の「ピボットテーブルのフィール
ド」に「一人当 GDP」,「対数 GDP」,「人口増加率」,「所得」,「人口増加」,「度
数」の 6 つのフィールド名が表示されていますので,

    i) マウスを動かしてマウスポインタの矢印を「所得」へ移動させ, 左側の
    ボタンを押します. ボタンを押したまま, マウスポインタを「次のボック
    ス間でフィールドをドラッグしてください:」の「行」へ移動させます.

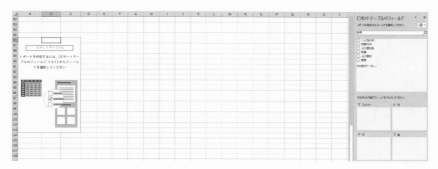

図 8.9 A86 からの範囲に「ピボットテーブル 1」が，画面の右側に「ピボットテーブルのフィールド」が現れる．

図 8.10 右側の「ピボットテーブルのフィールド」に「一人当GDP」，「対数 GDP」，「人口増加率」，「所得」，「人口増加」，「度数」の 6 つのフィールド名が表示される．マウスを動かしてマウスポインタの矢印を「所得」へ移動させ，左側のボタンを押す．ボタンを押したまま，マウスポインタを「次のボックス間でフィールドをドラッグして下さい：」の「行」へ移動させる．「行」へ移動したら，ボタンを離す．（この操作を「ドラッグ・アンド・ドロップ」と呼ぶ．）「行」に所得が現れ，「所得」が行の変数，すなわち表側として指定される．同様にマウスを使って「人口増加」をドラッグ・アンド・ドロップして「列」として指定し，表頭とする．最後に集計を行う項目として，「度数」を「Σ 値」として指定する．

「行」へ移動したら，ボタンを離します．（この操作を「ドラッグ・アンド・ドロップ」と呼びます．）「行」に「所得」が現れ，「所得」が行の変数，すなわち表側として指定されます．

ii） 同様に，マウスを使って「人口増加」をドラッグ・アンド・ドロップして「列」として指定し，表頭とします．

iii） 最後に集計を行う項目として，「度数」を「Σ値」として指定します（図8.10）．

A86 からの指定した範囲に表が現れますので，ワークシートの（表が表示されている部分以外の）適当な空白のセルをマウスでクリックしてください．画面の右側の「ピボットテーブルのフィールド」が消えますので，A85 に**表 1 所得と人口増加の分割表**と表題を付けてください．また，列幅を適当な大きさに変更し

	A	B	C	D	E
85	表1　所得と人口増加の分割表				
86	合計 / 度数	列ラベル　▼			
87	行ラベル　▼	高	中	低	総計
88	高	1	4	21	26
89	低	20	9	23	52
90	総計	21	13	44	78
91					
92					
93	表2　横の合計に対する割合				
94	合計 / 度数	人口増加率			
95	行ラベル	高	中	低	総計
96	高	3.85%	15.38%	80.77%	100.00%
97	低	38.46%	17.31%	44.23%	100.00%
98	総計	26.92%	16.67%	56.41%	100.00%

図 8.11　分割表と横の合計に対する割合

てください．集計する変数を変更するなどの必要が生じた場合は，アクティブセ
ルをピボットテーブル内の適当なセルに移動します．画面の右側に「ピボット
テーブルのフィールド」が現れ，ピボットテーブルがアクティブになり，変更が
可能となります．最後に，横の合計に対する割合（横比）を計算して，表にして
ください．（相対セル番地と絶対セル番地をうまく組み合わせ，＝B88/$E88 と
入力して表の範囲にコピーします．詳しくは，第2章を参照してください．）高
所得国では人口増加率が低く，低所得国では人口増加率が高い傾向があることが
わかります（図 8.11）．

8.1.3　ピボットテーブルを使った集計

　ピボットテーブルは，非常に便利な機能であり，これによっていろいろな集計
を簡単に行うことができます．ここでは，高所得国と低所得国の人口増加率の平
均を求めてみます．アクティブセルがリスト内部にあることを確認してくださ
い．

　［挿入］タブ→（「テーブル」グループの）［ピボットテーブル］を選択します．
「ピボットテーブルレポートを配置する場所」に，適当な出力先（例えば，
A102）を指定し，［OK］をクリックします．画面の右側の「ピボットテーブル
のフィールド」で「行」に「所得」を，「Σ値」に「人口増加率」を，ドラッグ・
アンド・ドロップして指定します（図 8.12）．このままでは，人口増加率の合計
が計算されてしまいますので，集計関数を変更します．「Σ値」の「合計/人口...」
をクリックします．メニューが現れるので，［値フィールドの設定（N）］を選択
します（図 8.13）．「値フィールドの設定」のボックスが現れるので，「集計の方

法」の「集計に使用する計算の種類を選択してください」から,［平均］を選択し,［OK］をクリックすると,所得ごとに人口増加率の平均を求めることができます（図 8.14）.（なお,誤ったフィールドを指定してしまった場合は,図 8.13の［フィールドの削除］をクリックします.)

先ほどは度数という列を新しくつくって分割表をつくりましたが,この列をつ

図 8.12 「∑ 値」の「合計/人口増加率」をクリックする.

図 8.13 メニューが現れるので,［値フィールドの設定（N)］を選択する.誤ったフィールドを指定してしまった場合は,「フィールドの削除」をクリックする.

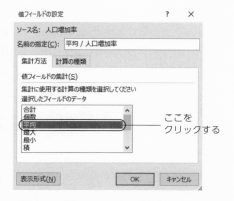

図 8.14 「値フィールドの設定」のボックスが現れるので,「集計方法」の「集計に使用する計算の種類を選択してください」から,［平均］を選択し,［OK］をクリックする.

▲	A	B
102	行ラベル ▼	平均 / 人口増加率
103	高	0.18%
104	低	0.83%
105	総計	**0.61%**

図 8.15 ピボットテーブルによって,所得ごとの人口増加率の平均を求める.

くらなくても，集計関数を変更することによって分割表をつくることができます．アクティブセルがリスト内にあることを確認し，［挿入］タブ→(「テーブル」グループの)［ピボットテーブル］をクリックし，適当な出力先を指定します．「ピボットテーブルのフィールド」で，「行」に「所得」，「列」に「人口増加」を選び，「Σ値」に適当なフィールド名，例えば，「人口増加率」を選びます．（この場合はどのフィールド名を選んでも集計可能ですが，説明のために量的データのフィールド名にします．）「合計/人口...」→［値フィールドの設定（N）］を選択します．「値フィールドの設定」のボックスが現れるので，「集計に使用する計算の種類」を［個数］へ変更します．［OK］をクリックすると，前と同一の分割表がつくられますので，比較してみてください（図8.15）．

8.2　相関係数の計算

8.2.1　相関係数と共分散

2つのデータ間の関係を相関関係と呼びます．統計学の分野では2つの量的データの線形の関係に着目し，直線的な関係が認められると，相関関係があると呼びます．

2つの変数の散布図が図8.16（a），（b）のようになっている場合，2つの変数には，一方が増加すると他方も増加する傾向があります．このような場合，正の相関関係があると呼びます．同図（c），（d）のように一方が増加すると他方が減少する傾向がある場合，負の相関関係があると呼びます．同図（e）のようにそのような傾向がない場合は，相関関係がない，または，無相関であると呼びます．また，同図（a），（c）は，はっきりした直線的な規則性がありますが，同図（b），（d）では規則性はかなり弱くなっています．直線的な規則性の度合いは強い，弱いと表現されます．すなわち，同図（a）〜（d）は，それぞれ，強い正の相関関係，弱い正の相関関係，強い負の相関関係，弱い負の相関関係があると呼ばれます（図8.16）．

相関係数（correlation coefficient）は，2つの変数間の直線的な関係の度合いを表すもので，ここでは，最も広く使われている重要なものとして，積率相関係数（product-moment correlation coefficient）について説明します．（相関係数として利用されるのは，圧倒的に積率相関係数が多く，一般にただ単に相関係数といった場合は，この積率相関係数を意味します．以後，積率相関係数を単に相関係数と呼びます．積率相関係数以外の相関係数としては，順位相関係数などがあ

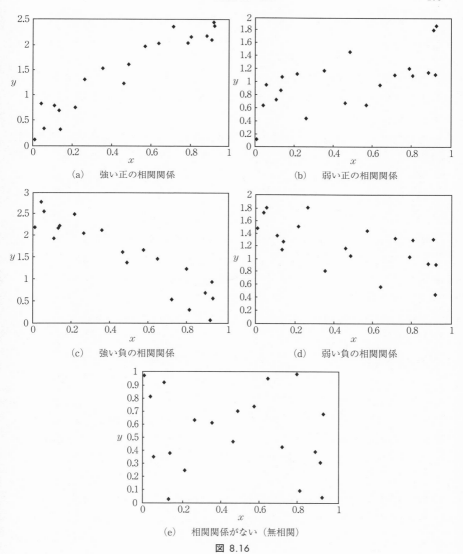

(a) 強い正の相関関係

(b) 弱い正の相関関係

(c) 強い負の相関関係

(d) 弱い負の相関関係

(e) 相関関係がない（無相関）

図 8.16

りますが，詳細は各種の統計学入門書を参照してください.）

2変数間の関係を表し，1変数の分散に対応するものとして，共分散があります．x と y の共分散 S_{xy} は，x と y の偏差の積（偏差積）の和を n で割ったもので，

$$(8.1) \qquad S_{xy} = \{(x_1 - \bar{x}) \cdot (y_1 - \bar{y}) + (x_2 - \bar{x}) \cdot (y_2 - \bar{y}) + \cdots$$
$$+ (x_n - \bar{x}) \cdot (y_n - \bar{y})\}/n$$
$$= \{\sum (x_i - \bar{x}) \cdot (y_i - \bar{y})\}/n$$

で定義されます.（分散の定義との統一性から，ここでは偏差積の和を n で割るものとします.）2つの変数が同一である場合，これは，分散の計算式となっていることに注意してください.

Excel では，共分散を関数を使い，**COVAR(xのデータ範囲, yのデータ範囲)** で計算することができます.（共分散の計算は x と y を入れ替えても同一ですので，関数の引数の x のデータ範囲と y のデータ範囲を逆にしても同一の結果となります.）

共分散は，このままでは2つの変数間の関係を表すものとしては，あまりわかりやすいとはいえません. これを基準化したものが相関係数です.

相関係数 r_{xy} は，共分散 S_{xy} を x の標準偏差 S_x と y の標準偏差 S_y で割ったもので，

$$(8.2) \qquad r_{xy} = S_{xy}/(S_x \cdot S_y)$$
$$= \sum \{(x_i - \bar{x}) \cdot (y_i - \bar{y})\} / \{\sqrt{\sum (x_i - \bar{x})^2} \cdot \sqrt{\sum (y_i - \bar{y})^2}\}$$

で定義されます.

相関係数 r_{xy} は，常に -1 と 1 の間にあり，$-1 \leq r_{xy} \leq 1$ を満足します.

$r_{xy} = 1$：　　すべての観測点が一直線上にあり，直線の傾きが正の場合.（これを正の完全相関といいます.）

$r_{xy} > 0$：　　正の相関関係. r_{xy} が 1 に近づくほど相関関係が強くなります.

$r_{xy} < 0$：　　負の相関関係. r_{xy} が -1 に近づくほど相関関係が強くなります.

$r_{xy} = -1$：　　すべての観測点が一直線上にあり，直線の傾きが負の場合.（これを負の完全相関といいます.）

相関係数は，2つの変数間の直線的な関係の度合いを表すものですので，2つの変数間に密接な関係があっても相関係数の値が 0 に近くなる場合があります. 例えば，(x, y) のデータとして，$(-3, 9)$，$(-2, 4)$，$(-1, 1)$，$(0, 0)$，$(1, 1)$，$(2, 4)$，$(3, 9)$ があったとします. このデータは $y = x^2$ を満足しますから，2つの変数には密接な関係があると考えられますが，相関係数を計算すると 0 となってしまいます.（統計学では関係がないということを独立といいますが，独立の場合，相関係数は 0 です. しかしながら，相関係数が 0 であっても独立とは限りません.）x が増加すると最初は y が減少するけれども後半では増加するといっ

たU字型の関係を見つけることは，相関係数ではできません．（このような関係は，散布図や他の分析手法から考察する必要があります．）また，相関関係は，見かけ上，2つの変数に直線的な関係があるかどうかを示すもので，一方が他方の原因となっているという因果関係とは異なりますので，この点も注意してください．

Excel では，関数を使って **CORREL(x のデータ範囲, y のデータ範囲)** で相関係数を計算することができます．（共分散の場合と同様，x の範囲と y の範囲を入れ替えても結果は同一です．）

8.2.2 国別人口データを使った共分散・相関係数の計算

1人あたり GDP の常用対数値（対数 GDP）と人口増加率の共分散，相関係数を計算してみましょう．Excel にはこれらを計算する関数が組み込まれていますが，ここではまず，理解を深めるために偏差から計算してみます．対数 GDP と人口増加率をフィールド名の1行を含めて，A111 を先頭とする範囲へ複写してください．対数 GDP は関数を使って計算していますので，値複写の機能を使ってください．

2つの変数の平均を **AVERAGE** 関数を使って，A190，B190 に計算します．C111 に **x の偏差**，D111 に **y の偏差**，E111 に偏差積と入力します．2つの変数の偏差を計算しますが，C112 に＝**A112－A$190** と入力し，これを C 列と D 列のデータの範囲全部に複写します．（相対セル番地と絶対セル番地をうまく組み合わせましたので，式の入力や複写を2回行う必要はありません．）E112 に＝**C112*D112** と入力し，これを E 列のデータの範囲に複写して，偏差積を求め，E190 にオートサムの機能を使って偏差積の合計を求めます（図 8.17）．

共分散，相関係数を求めます．A195 から下側に順に **x の標準偏差**，**y の標準偏差**，共分散，相関係数と入力します．B195 に＝**STDEVP(A112 : A189)**，B196

	A	B	C	D	E
111	対数GDP	人口増加率	xの偏差	yの偏差	偏差積
112	3.61	0.71%	-0.25278	0.000981	-0.000248
113	4.16	0.49%	0.29754	-0.001169	-0.000348
114	4.73	0.77%	0.86997	0.001639	0.001426
115	4.68	-0.06%	0.81484	-0.006676	-0.005440
116	3.18	0.32%	-0.67978	-0.002889	0.001964
117	4.64	0.18%	0.77739	-0.004338	-0.003372

図 8.17 2つの変数の偏差を計算し，偏差積を求める．

	A	B
195	xの標準偏差	0.670527
196	yの標準偏差	0.008793
197	共分散	-0.003974
198	相関係数	-0.674067
199		
200	関数から計算した	
201	共分散	-0.003974
202	相関係数	-0.674067

図 8.18 共分散と相関係数の計算結果

に＝**STDEVP(B112：B189)** と入力し，2つの変数の標準偏差を求めます．B197
に＝**E190/78** と入力して共分散を計算し，B198に＝**B197/(B195*B196)** と
入力して相関係数を計算します（図8.18）．

　最後に，Excelの関数を使って共分散，相関係数を求めてみます．すでに述べ
たように，2つの関数とも関数名（配列1，配列2）の形式で使いますので，B201
に＝**COVAR(A112：A189, B112：B189)**，B202に＝**CORREL(A112：A189,
B112：B189)** と入力します．わかりやすいように見出しを付けてください．

8.3　国別人口データを使った演習

　国別人口データを使って次の演習を行ってください．

1.　（対数をとった）人口密度と人口増加率の散布図を描き，その関係を考察
　　してください．
2.　人口密度と人口増加率の分割表を作成してください．
3.　対数人口密度と人口増加率との共分散，相関係数を，ⅰ）偏差から，ⅱ）
　　関数を使って，計算してください．

Rで学ぶ マルチレベルモデル[実践編]
—Mplusによる発展的分析—

尾崎幸謙・川端一光・山田剛史 編著
A5判　264頁　定価（本体 4,200 円＋税）(12237-4)

【2019年4月刊】

【第Ⅰ部　理論編】
1．マルチレベル一般化線形モデル（川端一光）
2．縦断データ分析のための基本的なモデル（尾崎幸謙）
3．縦断データ分析のための非線形モデル（尾崎幸謙）
4．構造方程式モデリングによるマルチレベルデータの分析（尾崎幸謙）
5．Mplus によるマルチレベルデータの分析（尾崎幸謙）
6．パラメータ推定（川端一光）

【第Ⅱ部　事例編】
7．学級規模の大小と学力の推移（山森光陽）
8．体力発達の個人差を説明する生活習慣要因（鈴木宏哉）
9．日本におけるコミュニティ問題の検討 (赤枝尚樹）
10．近隣・個人の特性と調査回答行動（松岡亮二・前田忠彦）
11．恋愛関係における期待と幸福感の関連（浅野良輔）

Rで学ぶ マルチレベルモデル[入門編]
—基本モデルの考え方と分析—

尾崎幸謙・川端一光・山田剛史 編著
A5判　212頁　定価（本体 3,400 円＋税）(12236-7)

【2018年9月刊】

【第Ⅰ部　理論編】
1．複数のレベルを持つデータ・モデル（尾崎幸謙）
2．マルチレベルモデルへの準備その 1—従来の方法に基づく分析の欠点—（尾崎幸謙）
3．マルチレベルモデルへの準備その 2—観測値の独立性—（尾崎幸謙）
4．ランダム切片モデル（川端一光）
5．ランダム傾きモデル（川端一光）
6．説明変数の中心化（尾崎幸謙）

【第Ⅱ部　事例編】
7．アーギュメント構造が説得力評価に与える影響（鈴木雅之，小野田亮介）
8．チーム開発プロジェクトがメンバー企業の事業化達成度に与える影響（立本博文，田口淳子）
9．組織文化のマルチレベル分析（法島正和，稲水伸行）
10．シングルケースデザインデータのためのマルチレベル分析（山田剛史）

多重比較法
（統計解析スタンダード）

**坂巻顕太郎・
寒水孝司・
濱崎俊光 著**

A5 判　168 頁
（本体 2,900 円＋税）
（12862-8）

□冊

【2019年8月刊】

医学・薬学の臨床試験への適用を念頭
に，群や評価項目，時点における多重
性の比較分析手法を実行コードを交え
て解説。【シリーズ最新刊・既刊11点】

ウェブ調査の科学
—調査計画から分析まで—

**R・トゥランジョー
他 著**
大隅昇 他 訳

A5 判　372 頁
（本体 8,000 円＋税）
（12228-2）

□冊

【2019年7月刊】

" The Science of Web Surveys"
(Oxford University Press) 全 訳。実 験
調査と実証分析にもとづいてウェブ調
査の考え方，注意点，技法などを詳説。

経済・ファイナンスのための
カルマンフィルター入門

森平爽一郎 著

A5 判　232 頁
（本体 4,000 円＋税）
（12841-3）

□冊

【2019年2月刊】

社会科学分野への応用を目指す入門
書。基本的な考え方や導出など数理を
平易に解説する理論編，実証分析事例
に基づくモデリング手法を解説する応
用編の二部構成。

社会科学のための
ベイズ統計モデリング
（統計ライブラリー）

**浜田宏・石田淳・
清水裕士 著**

A5 判　240 頁
（本体 3,500 円＋税）
（12842-0）

□冊

【2019年12月刊】

社会科学の問題をベイズ統計で扱うた
めに知っておきたい基礎理論と，実践
的なモデル化を学ぶ。〔内容〕確率分布
／最尤法／ベイズ推測／ MCMC 推定
／エントロピーと KL 情報量／他

9. マクロとユーザー定義関数

　マクロとは，Excel で使う命令の集まりのことです．ある一連の命令を繰り返し行う場合，それをマクロとして記録しておけば，いちいち命令をマウスやキーボードから入力することなく，簡単な操作で自動的に実行することができます．また，マクロは，Excel の処理を簡単にするばかりではありません．Excel 上で行うコンピュータプログラムですので，これを理解することは，一般的なプログラミングに対する理解を助けることにもなります．

　マクロを作成するのに，Excel では 2 つの方法があります．1 つは，マウスやキーボードから入力した命令を自動的に記録していく方法で，他の 1 つは，Visual Basic for Application（VBA）という言語を使って命令を入力していく方法ですが，両者を組み合わせて複雑なマクロを作成することも可能です．

　また，Excel には非常に多くの関数が組み込まれていますが，当然のことながら必要とする関数がすべて存在しているわけでありません．場合によっては目的に応じて関数をつくる必要が生じます．これがユーザー定義関数で，マクロと同様，VBA を使って必要な関数を作成します．

　次章においては，本章で学習したマクロとユーザー定義関数の知識を使って，いろいろな確率分布に従う乱数を発生させたり，大数の法則や中心極限定理などの重要な確率論の定理について学習します．

　なお，VBA は，Windows で広く使われているプログラム言語の Visual Basic を，Excel などのアプリケーション用に修正したものです．ここで学習した知識は他の応用分野でもそのまま利用可能ですが，本書の目的上，必要最小限の説明にとどめましたので，詳しい説明は，拙書『Excel VBA による統計データ解析入門』（縄田，2000）などを参照してください．

9.1 マクロの作成と実行

9.1.1 ［開発］タブの組み込み

Office 365 版 Excel でマクロを利用するには，まず，［開発］タブをリボンに組み込む必要があります．Excel を起動し，［ファイル]→[オプション］を選択してください（図 9.1）．「Excel のオプション」のボックスが現れるので，［リボンのユーザー設定］を選択し，［開発］をクリックします．前のボックスがチェックされた状態となるので，［OK］をクリックすると，リボンに［開発］タブが表示されます（図 9.2）．

図 9.1 ［ファイル]→[オプション］を選択する．

図 9.2 「Excel のオプション」のボックスが表示されるので，［リボンの
ユーザー設定］→［開発］をクリックし，「開発」のボックスが
チェックされた状態とし，［OK］をクリックする．

9.1.2 簡単なマクロの作成

簡単なマクロの例として，表示を小数点以下 2 桁のパーセント表示とし，アク
ティブセルを 1 つ下げるマクロを作成してみます．Excel を起動させてください．
（Excel をすでに使用中の場合は，［ファイル］→［新規］を選択し，ブックを新し
くしてください．）A1 に **0.123** と入力してください．これを 12.30% と表示し，
アクティブセルを 1 つ下げるマクロをつくります．小数点以下の表示が 2 桁の
パーセントになるようにするためには，すでに何度も行ったように，［ホーム］
タブの「数値」グループの［パーセントスタイル］をマウスでクリックし，［小
数点表示桁上げ］を 2 回クリックするという操作を行います．（まだこの操作は
行わないでください．）

一連の操作をマクロとして記録してみます．アクティブセルを A1 に移動し，
［開発］タブをクリックします（図 9.3）．リボンが［開発］タブのものに変わり
ますので，「コード」グループから［相対参照で記録］をクリックし，記録方式
を相対参照とします．次に，［マクロの記録］をクリックします（図 9.4）．「マ
クロ記録」のボックスが開きますので，「マクロ名」を **percent1** と変更し，
「ショートカットキー」を **a** とします（図 9.5）．（「ショートカットキー」は，大
文字，小文字が区別されますので，小文字で入力してください．）［OK］をク

開発のタブ

図 9.3 リボンに［開発］のタブが現れるので，クリックする.

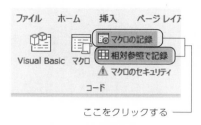

ここをクリックする

図 9.4 ［相対参照で記録］→［マクロの記録］を順にクリックする.

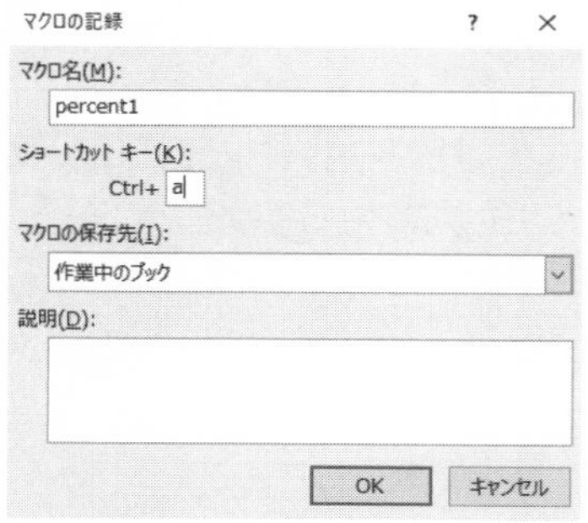

![マクロの記録ダイアログ] マクロの記録 ? ×
マクロ名(M): percent1
ショートカット キー(K): Ctrl+ a
マクロの保存先(I): 作業中のブック
説明(D):
OK キャンセル

図 9.5 マクロ名（M）を「**percent1**」，ショートカットキーを**a**とする.

ここをクリックする

図 9.6 操作の終了後，［開発］タブ→［記録の終了］をクリックする.

リックするとマクロの記録準備ができましたので，以後の操作がマクロに記録されます.

　なお，［相対参照で記録］が選択されていない場合，マクロの記録は「絶対参照」と呼ばれる方式で記録されますので，例えばA2 から A3 に下げる操作を記録した場合，ワークシートのどの位置にいても「A3 へ行け」という命令になってしまいます.（新しい適当なマクロをつくって試してみてください.）小数点以下の表示を2桁としますので，［ホーム］タブの［パーセントスタイル］をマウ

スでクリックし，［小数点表示桁上げ］を2回クリックし，最後にアクティブセルを1つ下げるという操作を行ってください．

マクロの記録を終了させますが（マクロの記録を終了させないと永久に記録が続いてしまいます），このためには，［開発］タブ→（「コード」グループの）［記録終了］をクリックします（図9.6）．

マクロが記録されましたので，これを実行してみます．A2に **0.2345** と入力してください．アクティブセルがA2であることを確認し，［Ctrl］キーを押しながら，［a］キーを押します．マクロが実行され，A2の表示が23.45%となり，アクティブセル1つ下がってA3となります．

9.1.3 マクロの表示

Excelは，「マクロの記録」が開始されると，マウスやキーボードから入力された操作をVBAのコードに変換し，モジュール（Module）と呼ばれるシートに記録を行います．［開発］タブの（「コード」グループの）［マクロ］をクリックします（図9.7）．マクロのボックスが現れますので，［percent1］を選択し，［編集（E）］をクリックすると，Visual Basic Editorが起動し，先ほど作成したマクロがコード化されて表示されます．「Book1-Module 1(コード)」の右上の［最大化］のボタンをクリックし，Module 1の表示を拡大します（図9.8, 9.9）．

Subで始まる行（Subステートメント，コンピュータに行わせる命令をステートメントと呼びます）は，マクロの開始を表し，その名前を宣言します．次の「'」の後の最初の数行は，マクロ名，ショートカットキー（実行するために押す

ここをクリックする

図 9.7 ［マクロ］をクリックする．

図 9.8 マクロ名から［percent1］を選択し，［編集（E）］をクリックする．

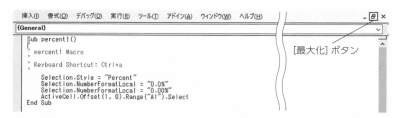

図 9.9 Visual Basic Editor が起動し，マクロの内容が表示される．「Book1-Module（コード）」の［最大化］のボタンをクリックし，Module1 の表示を拡大する．

キー）に関する情報を与えています．Selection. で始まる 3 行は，表示形式をパーセントにし，小数点以下の表示桁数を 1 桁，2 桁とする命令ですが，いずれも，Selection.xxxxx の形となっています．（VBA では多くの場合，このようにまず，目的とするオブジェクトを指定し，ピリオドの後にそのオブジェクトに対しての作動を指定します．）ActiveCell.Offset(1, 0).Range("A1"). Select は，アクティブセルを 1 つ下げる命令に相当しています．最後の行の End Sub は，マクロの終了を表しています．

9.1.4 サブルーチンを使った書き替え

　マクロが複雑で長くなったり，その一部を繰り返し使うなどの場合，マクロをサブルーチンと呼ばれる小さな単位に分けて，それを使ってマクロを組み立てると便利です．（Excel のマクロばかりでなく，一般のプログラミングにおいてもうまくサブルーチンを使うことが，プログラムを早く正確につくるための重要な基礎となっています．）ここでは，サブルーチンを使って先ほどのマクロを書き替えてみます．

　Visual Basic Editor が起動しており，Module 1 が編集可能であることを確認してください．実行部分（Selection. Style = "Percent" から ActiveCell. Offset（1, 0). Range("A1"). Select までの 4 行）を persub という名前のサブルーチンにしてそれを呼び出すことによってマクロが実行されるように書き替えてみましょう．**Sub percent1**() および「'」で始まる 5 行の後に，

persub

End Sub

Sub persub()

を挿入して，マクロを図 9.10 のようにしてください．（間違った入力をしないよ

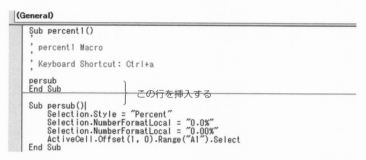

図 9.10 マクロの一部をサブルーチンとする．サブルーチン間は線で区切られる．

うに注意してください．エラーのためにマクロが正常に終了しない場合，Excel
への入力，マクロの修正などができなくなることがあります．このような場合は
Visual Basic Editor に切り替えて［実行（R）］→［リセット（R）］を選択してくだ
さい．）サブルーチンの間は自動的に線で区切られます．**persub** というステー
トメントは，persub という名前のサブルーチンを呼び出し，それを実行します．
次の **End Sub** は前のマクロと同様，マクロの終了を表しています．**Sub
persub()** は persub という名前のサブルーチンの開始を表し，次の 4 つのス
テートメントが persub で実行される内容となります．最後の **End Sub** は，こ
のサブルーチンの終了を表します．

　Visual Basic Editor の画面のツールバーから［ファイル（F）］→［終了して
Microsoft Excel へ戻る（C）］を選択して，Excel へ戻ってください（図 9.11）．
適当な数字を入力して書き替えたマクロが正しく動くことを確認してください．
この時点では，サブルーチンを使ったことはあまり意味がないように思えます
が，次の変更でサブルーチンを使うことの意義が明らかになります．

　今のマクロは，1 つのセルの表示を
少数点以下 2 桁のパーセント表示に変
えるものでしたが，今度は 5 つのセル
の表示を一度にパーセント表示に変え
るようにマクロを書き替えてみます．
［開発］タブの［マクロ］をクリック
し，マクロとして［percent1］を選ん
で［編集（E）］をクリックして，
［percent1］を編集可能な状態として

図 9.11 ［ファイル（F）］→［終了して Microsoft
Excel へ戻る（C）］を選択し，Visual
Basic Editor を終了して，Excel へ戻る．

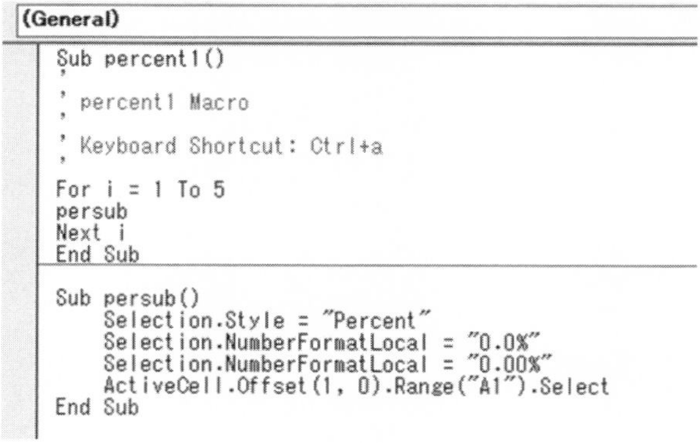

```
(General)

Sub percent1()
'
' percent1 Macro
'
' Keyboard Shortcut: Ctrl+a

For i = 1 To 5
persub
Next i
End Sub

Sub persub()
    Selection.Style = "Percent"
    Selection.NumberFormatLocal = "0.0%"
    Selection.NumberFormatLocal = "0.00%"
    ActiveCell.Offset(1, 0).Range("A1").Select
End Sub
```

図 9.12　ループ命令を使ってpersubを繰り返す.

ください.

persub の前の行に **For i＝1 To 5**, 後の行に **Next i** というステートメントを挿入して, **percent1()** の部分が,

Sub percent1()

For i＝1 To 5

persub

Next i

End Sub

となるようにしてください.（大文字・小文字は区別されません.）今挿入した **For i＝1 To 5** と **Next i** は, 2つのステートメントの間を, **i** を1から5まで1ずつ増加させながら合計5回実行しなさいというループ命令です. この繰り返しを行うループ命令はマクロばかりでなく, プログラミング一般で非常によく利用されます. ここでは, ループの中に **persub** がありますので, **persub** が5回実行され, マクロを実行すると5つのセルの表示が変更されます.［ファイル(F)］→［終了して Microsoft Excel へ戻る（C）］を選択して Excel に戻り, B1からB5までに適当な数字を入力し, アクティブセルを B1 へ移動させ,［Ctrl］＋［a］キーを押してマクロが正しく作動し, 5つのセルの表示が変更されることを確認してください（図9.12）.

9.1.5　マクロを含むファイルの保存・呼び出し

マクロを含むファイルは Excel マクロ有効ブックの形式として保存しなければなりません. このためには,［ファイル］→［名前を付けて保存］→［参照］で適当な

ここをクリックする

図 9.13 マクロを含むファイルを保存するには「名前を付けて保存」
で[ファイルの種類(T)]→[Excel マクロ有効ブック(*.xlsm)]
を選択する.

フォルダーを選び,[ファイルの種類(T)]をクリックし,[Excel マクロ有効ブック
(*.xlsm)]を選択します(図9.13).**EX9** とファイル名を付けて保存してくださ
い.保存後,[ファイル]→[閉じる]を選択して,現在作業中のブックを閉じて
ください.

　次に,マクロを含むファイルを開いてみます.このまま開くと,マクロは無効
になって利用することはできませんので,マクロのセキュリティレベルを変更す
る必要があります.「Microsoft Excel のセキュリティに関する通知」のボックス
または「セキュリティの警告コンテンツが無効にされました.」が表示されるの
で[マクロを有効にする(E)]または[コンテンツの有効化]を選択して下さ
い(図9.14).EX9 を開くと,作成したマクロが実行可能な状態となります.

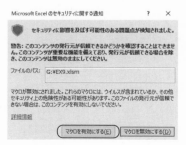

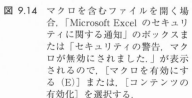

図 9.14 マクロを含むファイルを開く場
合,「Microsoft Excel のセキュリ
ティに関する通知」のボックスま
たは「セキュリティの警告,マク
ロが無効にされました.」が表示
されるので,[マクロを有効にす
る(E)]または,[コンテンツの
有効化]を選択する.

なお，Excel の表示にもあるとおり，コンピュータウィルスを含むマクロが実行されてしまう可能性がありますので，セキュリティには十分注意してください．マクロを実行する必要のないときは，セキュリティレベルを「すべてのマクロを無効にする」としておいたほうが安全です．また，他人が作成したマクロ（特にインターネット上で入手可能なものやメールに添付されたもの）を実行する場合は，セキュリティに十分注意してください．

9.2　ユーザー定義関数

Excel では，非常に多くの関数が用意されていますが，すべての関数を網羅しているわけではありません．そこで，場合によっては目的とする関数を自分自身でつくる必要があります．これがユーザー定義関数（カスタム関数）です．ユーザー定義関数は，VBA で記録されますが，マクロと異なりマウスやキーボードで入力した操作を記録することはできず，すべて VBA のコードで入力する必要があります．

ここでは，まず，n の階乗を計算する関数を作成し，それに基づき，確率論や統計学で重要な意味をもつ順列の数と組み合わせの数を求める関数をつくってみます．

9.2.1　n の階乗の計算関数の作成

ここでは，まず，n の階乗（factorial）$n! = n \cdot (n-1) \cdot (n-2) \cdot \cdots \cdot 3 \cdot 2 \cdot 1$ を計算するユーザー定義関数を，新しいモジュールにつくってみましょう．（なお，$0!$ は 1 と定義します．）［開発］タブの「コード」グループの［Visual Basic］を選択すると，Visual Basic Editor が起動します（図 9.15）．画面上部のメニューから［挿入(I)］→［標準モジュール(M)］をクリックすると，Module 2 というシートが挿入されます（図 9.16）．Module 2 に，

ここをクリックする

図 9.15　［開発］タブの［Visual Basic］をクリックする．

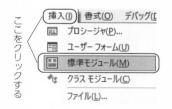

図 9.16　画面上部から［挿入 (I)］→［標準モジュール（M）］をクリックすると Module2 が挿入される．

```
Function factorial(n)
    If n=0 Then
    m=1
    Else
    m=n
    End If
  k=1
    For i=1 To m
    k=k*i
    Next i
  factorial=k
End Function
```

と入力してください.（入力は大文字，小文字のいずれでもかまいませんが，間違って入力すると，[Enter] キーを押したときや関数の実行時にエラーメッセージが出ますので注意してください.）

この関数は,

ⅰ）**Function** ステートメントで関数名と n が引数であることを指定します.

ⅱ）**If** ステートメントで n が 0 どうかをチェックし，$n=0$ の場合 $m=1$，$n \neq 0$ の場合 $m=n$ としています．このように，**If** ステートメントでは，**If** の後に条件を与え，その条件が正しい場合は **Then** に続くステートメントを，正しくない場合は **Else** に続くステートメントを実行します．**End If** は，**If** の終了を表します.

ⅲ）次に，k の初期値を 1 とし，**For** ループによって 1 から m まで順に掛けていきます.

ⅳ）結果を関数の値として与えます.

ⅴ）**End Function** は，関数の終了を表します.

という手続きによって，$n!$ を計算しています.

Excel へ戻って，この関数が正しく動くかどうかを確認します．[ファイル (F)]→[終了して Microsoft Excel へ戻る (C)] を選択して Visual Basic Editor を終了して下さい．Excel に戻って 5! を計算してみます．適当なセルに＝**factorial(5)** と入力すると，$5! = 5 \cdot 4 \cdot 3 \cdot 2 \cdot 1 = 120$ が計算されます．この関数を使っていろいろな値の階乗を計算してみてください．（関数の引数としては

セルの番地を指定することもできます．引数としてセルの番地を指定しそのセルの値を変更すれば，いちいち関数名を入力する必要はありません．なお，$n!$ は n が増加するに従い急激に大きくなりますから，あまり大きな n に対してはこの関数では計算できませんので注意してください．）

9.2.2 順列の数の計算

n 個のものから r 個とる順列の数（permutation）は，とる順番をも考慮すると，何通りあるでしょうか．最初は，n 個のいずれでもかまいませんので，n 通りあります．次は，すでに 1 個とっていますので，$n-1$ となります．その次は，2 個すでにとっていますので $n-2$ となり，r 個まで順にとっていくと，結局 ${}_nP_r$ $=n\cdot(n-1)\cdot(n-2)\cdots(n-(r-1))=n!/(n-r)!$ となります．（${}_nP_r$ は n 個から r 個とる順列の数を表します．）

n の階乗の計算関数を使って，${}_nP_r$ を計算する関数を作成してみましょう．［開発］タブ→［Visual Basic］を選択し，Visual Basic Editor を起動してください．Module 2 の factorial 関数の下に次のステートメントを入力してください．みやすいように，必ず関数間には 1 行以上の空白の行を入れてください．（サブルーチンと同様，関数の間は自動的に線で区切られます．）

```
Function perm(n, r)
nr=n−r
n1=factorial(n)
nr1=factorial(nr)
perm=n1/nr1
End Function
```

ここでは，factorial 関数を使って $n!$ と $(n-r)!$ を計算し，その比を求めて ${}_nP_r$ を計算しています．Excel に戻り，適当なセルに＝**perm(5, 2)** と入力し，5 個から 2 個を選ぶ順列の数 ${}_5P_2=20$ を計算してください．また，引数の値をいろいろ変えて順列の数を求めてください．

9.2.3 組み合わせの数の計算

順列の数では，とる順番を考慮して，すなわち，（A, B, C）や（B, C, A）や（C, A, B）は異なるとして，数を計算しました．しかしながら，最終的に A, B, C が得られるということでは同一です．では，とる順番は考慮せず，n 個から r 個を選んだ場合の異なる最終結果の可能な数，すなわち，組み合わせの数（combination）はいくつでしょうか．n 個から r 個選ぶ組み合わせの数は ${}_nC_r$ で

表されます. n 個から r 個選ぶ順列の数は ${}_nP_r$ ですが, 同一の組み合わせに対しては, とる順番によって $r!$ 個の異なるとり方がありますので, ${}_nC_r = {}_nP_r/r! = n!/\{r!(n-r)!\}$ となります. なお, ${}_nC_r$ は二項定数とも呼ばれます.

Visual Basic Editor を起動し, Module 2 の perm 関数の下に, 次のステートメントを入力してください. (前と同様, 関数間には空白の行を入れてください.)

```
Function comb(n,r)
p＝perm(n,r)
r1＝factorial(r)
comb＝p/r1
End Function
```

この関数では, perm 関数で計算した順列の数を $r!$ で割って ${}_nC_r$ を求めています. Sheet 1 に切り替えて適当なセルに＝**comb(5,2)** と入力し, ${}_5C_2 = 10$ を求めてください.

(なお, ここでは演習のために, $n!$, 順列数, 組み合わせ数を計算するユーザー定義関数をつくりましたが, Excel にはこれらを計算する関数が組み込まれており, それぞれ **FACT(n)**, **PERMUT(n,r)**, **COMBIN(n,r)** で計算することができます.)

9.3 マクロとユーザー定義関数を使った演習

1. 数値の表示形式を小数点以下の表示が 4 桁となるような指数表示 (12345 を 1.2345E＋04 とする) に変換し, アクティブセルを 1 つ下げるマクロをつくってください.

2. 1 の操作を連続した 10 個のセルに対して行うようにマクロを変更してください.

3. 第 2 章ですでに学習したように, 基準年の値を P_0, t 年後の値を P_t とした場合の年あたりの伸び率 r は, $r = (P_t/P_0)^{1/t} - 1$ で計算されます. これを計算するユーザー定義関数を作成してください.

4. 1 から n までの逆数の和 $1 + 1/2 + 1/3 + \cdots + 1/n = \sum 1/i$ を計算するユーザー定義関数を作成してください.

10. 確率分布と乱数

　われわれが分析対象とする集団全体を，母集団（population）と呼びます．例えば，日本人の意識調査を行う場合は，日本人全体が母集団となります．しかしながら，母集団全体について知ることはしばしば困難です．日本人の意識調査を考えますと，全員を調査するとなると，小さな子供は除いても1億人程度を調査する必要があることになってしまいます．このような場合，母集団からその一部を選び出し，選び出された集団について調査を行い，母集団について推定するということが行われます．これを，記述統計に対して統計的推測（statistical inference）と呼び，母集団から選び出されたものを標本（sample），選び出すことを標本抽出と呼びます．新聞社やテレビ局が行う世論調査では，通常，数千人程度を選んで，面接や電話などによる調査を行って結果を集計しています．

　しかしながら，標本は母集団のごく一部です．標本が母集団の分布をよく表しているかどうかは，どのような標本を抽出するかに依存し，不確実性やばらつきの問題が生じます．母集団が1億人とし，標本として1,000人抽出したとすると10万分の1を調査したにすぎませんし，大規模な調査を行って1万人を調査しても1万分の1を調査したにすぎません．（われわれが調査するのは標本ですが，知りたいのはあくまでも母集団についてです．）このような標本抽出に伴う不確実性やばらつきに対応するためには，どうしても確率的な取り扱いが必要不可欠となります．

　本章では，確率的な扱いに関する基本的な理解を助けるため，コンピュータシミュレーションによっていくつかの確率分布に従う乱数を発生させ，さらに，確率論の最も重要な定理である「大数の法則」と「中心極限定理」について目でみることを中心に学習します．なお，確率論の理論的な記述は必要最小限にとどめましたので，それらについては，拙著『Excelによる確率入門』（縄田，2003），『確率統計I（東京大学工学教程）』（縄田，2013）などを参照してください．

10.1 確率変数と確率分布

10.1.1 離散型の確率変数

1枚のコインがあり，形の歪みなどがなく，投げた場合，表裏とも同じに出やすい，すなわち，いずれも確率1/2であるとします．コインを投げて表が出ると1点，裏が出ると0点とします．Xをコイン投げの結果とすると，Xは0を確率1/2で，1を確率1/2でとることになります．このように，とりうる値（この場合は0と1）ごとにその確率（この場合は1/2ずつ）が与えられている変数を，確率変数と呼びます．確率変数は，大文字を使って表します．また，このコインを2回投げてその合計得点を考えるとすると，とりうる値は，0，1，2となり，その確率は，各々1/4，1/2，1/4となります．なお，確率は0以上1以下で，すべてのとりうる値について合計すると，必ず1となります．

一般に，確率変数Xがk個の異なる値 $\{x_1, x_2, \cdots, x_k\}$ をとる場合，確率変数は離散型（discrete type）と呼ばれます．（kは無限大である場合もありますが，とりうる値が自然数 $\{0, 1, 2, \cdots\}$ などのように，とびとびで数えられる可算集合である必要があります．）$X = x_i$ なる確率

$$(10.1) \qquad P(X = x_i) = f(x_i), \qquad i = 1, 2, \cdots, k$$

を，Xの確率分布（probability distribution）と呼びます．ここまでは，x_iのように，とりうる値に添え字を付けましたが，以後は表記と説明を簡単にするために添え字を省略して，とりうる値をただ単にxと表します．各点における確率はxの関数ですので，$f(x)$ は確率関数（probability function）とも呼ばれます．

確率変数Xがある値x以下である確率

$$(10.2) \qquad F(x) = P(X \leq x)$$

を，累積分布関数（cumulative distribution function）と呼びます．離散型の確率変数の場合，

$$(10.3) \qquad F(x) = \sum_{u \leq x} f(u)$$

です．$\sum_{u \leq x}$ はx以下のとりうる値に対する和を表しています．Xのとりうる値以外でも $F(x)$ はすべての値に関して定義可能で，とりうる値で階段状にジャンプしています．

確率分布の特徴を表すものとして広く使われるのものに，期待値と分散があります．

期待値（expected value）は，

$$(10.4) \qquad E(X) = \sum_x x f(x)$$

で定義されます．$\sum_x$ はすべてのとりうる値での和を表しており，期待値はとりうる値のその確率を重みとした加重平均となっています．なお，以後，一般的な表示方法に従い，期待値を μ で表すことにします．

分散（variance）は，

$$(10.5) \qquad V(X) = \sum_x (x - \mu)^2 f(x)$$

で定義され，$(x - \mu)^2$ の重み付き平均となっています．以後，分散は σ^2 で表します．また，分散 σ^2 の平方根 σ を標準偏差と呼びます．（確率変数の期待値，分散は，第7章で学習した度数分布表からの平均，分散の計算とよく似た方法で定義されています．次章以降で学習するように，両者には密接な関係があります．）

以下，応用上も重要な離散型の分布の例として，二項分布とポアソン分布について説明します．（このほかにも多くの離散型の分布がありますが，それについては前掲の拙著などを参照してください．）

a.　二 項 分 布

表の出る確率が p，裏の出る確率が $q = 1 - p$ であるコインを投げて，表が出ると1点，裏が出ると0点とします．このコインを n 回投げたとします．（このような試行をベルヌーイ試行（Bernoulli trial）と呼びます．）その合計得点を X とすると，とりうる値は $x = 0, 1, 2, \cdots, n$ ですが，各点に対する確率は，

$$(10.6) \qquad f(x) = {}_nC_x p^x q^{n-x} = {}_nC_x p^x (1-p)^{n-x}$$

で与えられます．この分布を二項分布（binomial distribution）と呼び，$Bi(n, p)$ で表します．二項分布では，期待値が $\mu = n \cdot p$，分散が $\sigma^2 = n \cdot p(1-p)$ となっています．

b.　ポアソン分布

一定量（例えば，1 mmg）のウランのような半減期の長い元素があったとして，一定の観測時間内に何個の原子が崩壊するか，その分布について考えてみましょう．個々の原子が観測時間内に崩壊する確率は非常に小さいのですが，非常に多くの原子があるため，適当な長さの観測時間をとれば，その時間内にいくつかの原子の崩壊が記録されます．

このように，二項分布において，対象となる n が大きいが，起こる確率（生起確率）p が小さく両方がつり合って $n \cdot p = \lambda$ を満足するケースを考えてみま

しょう. この場合, X の確率分布を二項分布から求めることは非常に困難ですが, $n \to \infty$, $p \to 0$ となった極限 ($n \cdot p = \lambda$ は極限でも満足されるとします) の分布は, ポアソンの小数の法則 (Poisson's law of small number) から,

$$(10.7) \qquad f(x) = e^{-\lambda} \lambda^x / x!, \qquad x = 0, 1, 2, 3, \cdots$$

となることが知られています. この分布をポアソン分布と呼びます. ポアソン分布は二項分布の極限ですが, ポアソン分布は λ のみに依存しますので, n と p を個別に知る必要はありません.

ポアソン分布は, 事故の発生件数, 不良品数, 突然変異数など, 個々の生起確率は小さいけれども分析対象が多くの要素からなる場合の分析に, 自然科学, 社会科学の分野を問わず広く用いられています. ポアソン分布は期待値が $\mu = \lambda$, 分散が $\sigma^2 = \lambda$ で, 期待値と分散が一致しています.

10.1.2 連続型の分布

確率変数 X が長さ, 重さ, 面積などの連続する変数の場合, とりうる値は無限個あります. (無限といっても自然数の集合のように数えられる可算集合ではなく, 数えられないほど点の密度が高い無限です.) とりうる各点に確率を与えていく方式ではすべての点の確率が 0 となってしまい, 先ほどのようには定義できません. このような変数を, 連続型 (continuous type) の確率変数と呼びます. 連続型の確率変数では小さなインターバルを考えて, X が x から $x + \Delta x$ の間に入る確率 $P(x \le X \le x + \Delta x)$ を考えます. この値は Δx を小さくすると 0 へ収束してしまいますので, Δx で割って $\Delta x \to 0$ とした極限を $f(x)$, すなわち,

$$(10.8) \qquad f(x) = \lim_{\Delta x \to 0} P(x \le X \le x + \Delta x) / \Delta x$$

とします. (ここでは, 収束しない分布は考えません.) $f(x)$ は, 確率密度関数 (probability density function) と呼ばれ, X が a と b (a と b は $a < b$ を満足する任意の定数です) の間に入る確率は, $f(x)$ を定積分して,

$$(10.9) \qquad P(a \le X \le b) = \int_a^b f(x) \, dx$$

で与えられます.

また, 累積分布関数 $F(x) = P(X \le x)$ は,

$$(10.10) \qquad F(x) = \int_{-\infty}^x f(u) \, du$$

で, 期待値 μ および分散 σ^2 は,

$$(10.11) \qquad \mu = \int_{-\infty}^{\infty} x f(x) \, dx, \qquad \sigma^2 = \int_{-\infty}^{\infty} (x-\mu)^2 f(x) \, dx$$

で与えられます. 分散の平方根 σ は, 離散型の場合と同様, 標準偏差と呼ばれます.

ここでは, 連続型の分布の例として, 指数分布, 一様分布, 正規分布について説明します.

a. 指 数 分 布

放射性の原子があったとします. 指数分布 (exponential distribution) は, その原子が崩壊するまでの時間の分布を表します. 確率密度関数と累積分布関数は,

$$(10.12) \qquad \begin{aligned} f(x) &= a \cdot e^{-a \cdot x}, \ \ x \geq 0, \qquad 0, \ \ x < 0 \\ F(x) &= 1 - e^{-a \cdot x}, \ \ x \geq 0, \qquad 0, \ \ x < 0 \end{aligned}$$

で, 期待値 μ と分散 σ^2 は,

$$(10.13) \qquad \begin{aligned} \mu &= 1/a \\ \sigma^2 &= 1/a^2 = \mu^2 \end{aligned}$$

となります. x までに崩壊しない生存確率は $1 - F(x) = e^{-a \cdot x}$ ですので, μ だけ時間がたつと, 生存確率は $1/e = 1/2.7182\cdots = 0.3678\cdots$ となります. 放射性の原子の場合, μ は平均寿命と呼ばれています.

ところで, 先ほど説明したポアソン分布は, 個々の生起確率は非常に小さいけれども対象とする集団の構成要素数が非常に大きい場合に, 一定の観測時間内にある現象が起こる回数の分布でした. 対して, 指数分布は, 目的のことが起こってから, 次に起こるまでの時間の分布を表しています.

b. 一 様 分 布

一様分布 (uniform distribution) は, 区間 $[a, b]$ 間の各値 (正確には小さなインターバル) を等しい確率でとる分布で, 確率密度が,

$$(10.14) \qquad f(x) = 1/(b-a), \ \ a \leq x \leq b, \qquad 0, \ \ x < a, b < x$$

で与えられる分布です. 期待値および分散は $\mu = (a+b)/2$, $\sigma^2 = (b-a)^2/12$ となります. このうち, $a = 0$, $b = 1$ すなわち, 区間 $[0, 1]$ の一様分布は特に重要で, Excel や Visual Basic には, この分布に従う乱数 (random number) を発生させる関数が組み込まれています. 他の分布に従う乱数は, この一様乱数をもとにして発生させます.

c. 正 規 分 布

正規分布（normal distribution）は，統計学で用いられる最も重要な分布の1つで，自然科学や社会科学の多くの現象がこの分布に当てはまるばかりでなく，多くの統計学の理論が正規分布や正規分布から派生する分布に基づいています.

正規分布の確率密度関数は，

$$(10.15) \qquad f(x) = \frac{1}{\sqrt{2\pi}\,\sigma} \exp\left\{\frac{-(x-\mu)^2}{2\sigma^2}\right\}$$

で，期待値は μ，分散は σ^2 で，期待値に対して左右対称の山形の分布となっています. 期待値 μ，分散 σ^2 の正規分布を $N(\mu, \sigma^2)$ と表します. 特に $\mu = 0$, $\sigma^2 = 1$ の正規分布を，標準正規分布（standard normal distribution）と呼び，しばしばその確率密度関数を $\phi(x)$ で，累積分布関数を $\Phi(x)$ で表します.

この分布では，確率密度関数が複雑であるため，それを積分した累積分布関数は解析的に関数として書くことができません. しかし，非常に高精度の計算式が開発されており，累積分布関数の値を簡単に求めることができます. Excel では，標準正規分布の累積分布関数 $\Phi(x)$ を計算する関数が組み込まれています.（一般の統計学の本と異なり，本書には，正規分布表は載せてありません.）

正規分布は，

i) X が $N(\mu, \sigma^2)$ に従っているとき，$aX+b$ は $N(a\mu+b, a^2\sigma^2)$ に従う.（したがって，標準化変数 $(X-\mu)/\sigma$ は標準正規分布に従います.）

ii) X と Y が独立で，それぞれ $N(\mu_x, \sigma_x^2)$, $N(\mu_y, \sigma_y^2)$ に従うとき，$X+Y$ は正規分布 $N(\mu_x+\mu_y, \sigma_x^2+\sigma_y^2)$ に従う.（独立は，統計学では非常に重要な概念で，一方の結果が他方が起こる確率に影響しないことですが，詳細は前掲の拙著などを参照してください.）

という扱いやすい特徴があります. 正規分布の重要性については，中心極限定理の項で説明します.

10.2 大数の法則と中心極限定理

大数の法則（law of large numbers）と中心極限定理（central limit theorem）は確率論の重要な大定理であり，これによって確率変数の和や平均の分布について，もとの確率変数の分布によらず，多くのことを知ることができます. 統計的推測では，標本平均などを使って分析を行いますので，確率変数の和や平均の分布を知ることは非常に重要な問題となっています.

10.2.1　大 数 の 法 則

　表の出る確率が p，裏が出る確率が $q = 1 - p$ のコインがあったとします．この
コインを投げ，表が出れば 1 点，裏が出れば 0 点とします．今，このコインを n
回投げて（これを試行回数と呼びます），各回の結果を $X_1, X_2, \cdots, X_n$ とします．r
$= \sum X_i = X_1 + X_2 + \cdots + X_n$ は 1 が出た回数（成功回数）ですが，それを試行回数 n
で割ると，成功率 r/n を求めることができます．成功率は $X_1, X_2, \cdots, X_n$ の平均 $\bar{X}$
$= \sum X_i/n$ となっていることに注目してください．

　大数の法則は，この成功率 r/n が，n が大きくなるに従って，真の確率 p に近
づくことを保証しています．（正確には r/n が p に確率収束，すなわち，任意の
$\varepsilon > 0$ に対して，$P(|r/n - p| > \varepsilon) \to 0, \ n \to \infty$ ですが，統計や確率論に詳しくない
方は，この段階では「近づく」とだけ理解しておいてください．）

　ところで，成功率は各変数の平均 $\bar{X} = \sum X_i/n$，p は $X_1, X_2, \cdots, X_n$ の期待値です
ので，この場合，確率変数の平均は，n が大きくなるに従い，期待値に近づく
（確率収束する）と言い換えることができます．これは，コイン投げのような場
合ばかりでなく，一般の確率変数についても拡張することができます．

　大数の法則は，「独立な同一の分布に従う確率変数の平均は，n が大きくなる
に従いその期待値に近づく（確率収束する）」ことを保証しています．この法則
は，参加費のほうが賞金の期待値より大きい賭けを続ければ（短期間では勝つこ
ともありますが），長期間には必ず負けることを保証しています．この法則は十
分な大きさの標本を調査すれば，（母集団全体を調べなくとも）母集団について
かなりよく知ることができることを示唆しており，統計学の基礎理論となってい
ます．

10.2.2　中心極限定理

　大数の法則では，確率変数の平均が，n が大きくなるに従って，その期待値に
近づく（確率収束する）ことを示していますが，中心極限定理はその近づき方を
表しています．

　$X_1, X_2, \cdots, X_n$ を独立で同一分布に従う期待値 μ，分散 σ^2 の確率変数とします．
平均を $\bar{X}$ としますと，大数の法則から，このままでは，$\bar{X} - \mu$ は 0 に確率収束し
てしまいますので，どのように近づくか，近づき方がわかりません．そこで，$\bar{X}$
$- \mu$ に $\sqrt{n}$ を掛けた $\sqrt{n}(\bar{X} - \mu)$ を考えます．今度は，$\sqrt{n}$ が無限大となりますの
で，0 になるとは限りません．

　中心極限定理は，$\sqrt{n}(\bar{X} - \mu)$ の分布が n が大きくなるに従って，もとの確率

変数の分布によらず，正規分布 $N(0, \sigma^2)$ に近づき，

(10.16) $$\sqrt{n}\,(\bar{X} - \mu) \to N(0, \sigma^2)$$

となることを保証しています．すなわち，n が十分大きい場合，$\sqrt{n}\,(\bar{X} - \mu)$ の分布はもとの確率変数の分布に依存せずに，正規分布で近似できることになります．（n が十分大きい場合，近似的に成り立つことを「漸近的に」といい，その場合の分布を漸近分布と呼びます．）また，正規分布の性質から $\bar{X}$ の漸近分布は，$N(\mu, \sigma^2/n)$ で表すことができます．（なお，正規分布は連続型の分布ですが，中心極限定理は離散型の確率変数についても成り立ちます．この場合は，累積分布関数が正規分布の累積分布関数に近づきます．）

　中心極限定理は，確率変数の和や平均の漸近分布がもとの確率変数によらず，正規分布であることを示した有用で強力な定理で，大数の法則と並んで統計学の重要な基礎定理となっています．正規分布での近似が成り立つために必要な n の大きさですが，これはもとの分布に依存しています．もとの分布がその期待値に対して対称であれば，小さな n（例えば，10 ぐらい）でもかなりよい近似が得られます．対称でなく大きく歪んでいる場合は，かなり大きな n（例えば，30 またはそれ以上）が必要となります．なお，もとの分布が正規分布である場合は，正規分布の性質から，n の大きさにかかわらず，（近似ではなく）正確にその分布は正規分布となりますので，注意してください．

10.3 確率関数・確率密度関数・累積分布関数のグラフによる表示

　ここでは，二項分布と正規分布の確率関数，確率密度関数，累積分布関数をグラフに描いてみます．Excel を起動させてください．

10.3.1 二項分布の確率関数・累積分布関数

　二項分布の確率関数は

$$f(x) = {}_n\mathrm{C}_x p^x q^{n-x} = {}_n\mathrm{C}_x p^x (1-p)^{n-x},$$
$$x = 0, 1, 2, 3, \cdots, n$$

ですが，二項係数を計算する関数は Excel にも用意されていますので，今回はこれを使います．［開発］タブ→（「コード」グループの）［Visual Basic］をクリックして，Visual Basic Editor を起動します．［挿入 (I)］→［標準モジュール (M)］をクリックして，Module1 を

```
Function bin(n, x, p)
q = 1 - p
a = Application.Combin(n, x)
bin = a * p ^ x * q ^ (n - x)
End Function

Function cbin(n, x, p)
a = 0
For i = 0 To x
b = bin(n, i, p)
a = a + b
Next i
cbin = a
End Function
```

図 10.1 二項分布の確率関数と累積分布関数を計算するユーザー定義関数

挿入し，確率関数，累積分布関数を計算するユーザー定義関数を作成します．
Module1 に図 10.1 のユーザー定義関数を入力してください．

　最初の関数は二項分布の確率関数を計算し，次の関数は 0 から x まで加えて
累積分布関数を計算します．確率関数では二項係数の計算が必要ですが，VBA
にはこれを直接計算する関数はありませんので，Excel の関数の **COMBIN** を使い
ます．マクロやユーザー定義関数で Excel の関数を使用するためには，
Application. を関数の前に付けて，Application.Combin とします．（Application. を
付けないとエラーとなります．）入力が終了しましたら，ワークシートを Sheet 1
に切り替えてください．

　$n = 5$，$p = 0.7$ の二項分布の確率関数，累積分布関数の値を求めてみます．A1
に**二項分布**，A2 に **n**，B2 に **5**，C2 に **p**，D2 に **0.7**，A3 に **x**，B3 に**確率関数**，
C3 に**累積分布関数**と入力してください．A4 から下側に順に **0** から **5** までを入
力します．B4 に**＝bin($B\$2,A4,\$D\$2)**，C4 に**＝cbin($B\$2,A4,\$D\$2)** と入
力し，これを複写して，すべての x の値について 2 つの関数の値を計算し，棒
グラフを使ってグラフにしてください．また，期待値と分散を計算して，$\mu = n \cdot$
$p = 3.5$，$\sigma^2 = n \cdot p(1-p) = 1.05$ となっていることを確認してください．（なお，
ここでは演習のため，関数を作成しましたが，Excel には **BINOMDIST** という二
項分布の確率関数，累積分布関数を求める関数が組み込まれています．確率関数
を求める場合は**＝BINOMDIST(x, n, p, FALSE)**，累積分布関数を求める場合は**＝**
BINOMDIST(x, n, p, TRUE) と入力します．ここで作成した関数の結果と比較し
て両者が一致することを確認してください．）

10.3.2　正規分布の確率密度関数・累積分布関数
正規分布の確率密度関数は，

$$f(x) = \frac{1}{\sqrt{2\pi}\,\sigma} \exp\left\{\frac{-(x-\mu)^2}{2\sigma^2}\right\}$$

ですが，ここでは，$\mu = 0$，$\sigma^2 = 1$ の標準正規分布の確率密度関数，累積分布関数
をグラフにしてみます．Excel には確率密度関数を計算する関数が組み込まれて
いますので，それを使ってグラフをつくってみます．まず，A21 に**標準正規分**
布，A22 に **x**，B22 に**確率密度関数**，C22 に**累積分布関数**と入力してください．
x に -3 から 0.05 おきに 3 までの数値を，埋め込みの機能（A23 に -3 と入力し
てアクティブセルを A23 にし，「ホーム」タブの（「編集」グループから）［フィ
ル］→［連続データの作成 (S)］を選び，［範囲］を［列 (C)］とし，［増分値

(S)] を **0.05**, [停止値 (O)] を **3** とする) を使って入力してください.

B23 に **=1/SQRT(2*PI( ))*EXP(-(A23^2)/2)**, C23 に **=NORMSDIST**
(A23) と入力して, これをすべての x の値に対して複写してください. **PI( )**
は円周率 π を, **NORMSDIST** は標準正規分布の累積分布関数を求める関数です.
これを散布図 (X-Y グラフ) を使ってグラフにしてください.

　Excel では, 何か操作を行うたびにワークシートのすべての式や関数を計算し
直しますので, ワークシートに大量の関数があると作動が遅くなることがありま
す. 最新の高性能パソコンではあまり問題となりませんが, 処理速度の遅い旧型
機では大きな問題となることがあります. このような場合は, 値複写の機能を
使って関数を数値に置き換えてください.

10.4　乱数を使ったシミュレーション

　コンピュータを使って大量の乱数を発生させ, いろいろな模擬実験 (コン
ピュータシミュレーション) を行うことができます. ここでは, まず, いろいろ
な分布に従う乱数を発生させ, 次いで大数の法則と中心極限定理を目でみて理解
することを中心に学習します. なお, 乱数の発生方法やその性質の詳細について
は, 『自然科学の統計学』 (東京大学教養学部統計学教室編, 1992) 第 11 章を参
照してください.

10.4.1　いろいろな分布に従う乱数の発生

　Excel で発生させることができるのは, 0 から 1 までの各値を等しい確率でと
る [0,1] の一様分布に従う一様乱数です. コンピュータでは一定の公式に従っ
て乱数を発生させますので完全にランダムではありません. そのため, 擬似乱数
と呼ばれることもあります. (もっとも, 本書の範囲ではその差は無視でき, ほ
ぼ完全な乱数と見なすことが可能です.) 他の分布に従う乱数は, この一様乱数
に基づいて発生させます. ここでは, 一様分布, 二項分布, ポアソン分布, 標準
正規分布に従う乱数を発生させてみます.

a.　一　様　乱　数

　シートを挿入し, Sheet2 に切り替えてください. A1 に**一様乱数**と入力してく
ださい. Excel で [0,1] の一様乱数を発生させる関数は **RAND( )** ですので, A2
に **=RAND( )** と入力します. 0 から 1 の間の数が現れます.

　これを複写して, 200 個の一様乱数を発生させてください. このままでは, 何
か操作を行うたびに関数が再計算され乱数の値が変わってしまいますので, これ

を値複写して数値に直しておいてください．（乱数を発生させた範囲を，通常の複写と同様，クリップボードに登録後，［ホーム］タブの［貼り付け］下側の矢印→［値の貼り付け（V）］を選択します．）

　第6章で学習した手順に従って，これを0〜0.2，0.2〜0.4，0.4〜0.6，0.6〜0.8，0.8〜1.0の5つの階級に分けた度数分布表を作成し，ヒストグラムにしてください．各階級の度数は40前後でほぼ等しくなっていることが確認できます．

b. 二 項 乱 数

　$[0, 1]$ の一様乱数 u を使って，二項分布に従う乱数を発生させてみます．$u < p$ の場合1，$u \geq p$ の場合0とすると，これは確率 p で1，確率 $1-p$ で0となりますから，これを n 回繰り返してその合計を求めれば $Bi(n, p)$ の二項乱数となります．（なお，シミュレーションの中では，値として扱うことが多いので，一般的な表記方法に従い，確率変数でも小文字で表すこととします．）

　二項乱数を発生させるユーザー定義関数を作成しますので，［開発］タブ→（「コード」グループの）［Visual Basic］をクリックして，Visual Basic Editor を起動し，Module1 に図 10.2 のユーザー定義関数を入力してください．

　binrnd では，bern を n 回呼び出し，その合計を求めています．bern は一様乱数の値が p より小さい場合1，大きい場合0となります．なお，Excel と異なり，Visual Basic で $[0, 1]$ の一様乱数を発生させる関数は Rnd となります．入力が終わりましたら，Sheet3 に戻ってこの関数が正しく働くことを確認してください．

　この関数を使って，$Bi(5, 0.5)$ の二項乱数を 200 個発生させてみましょう．シートを挿入し，Sheet 3 へ切り替えてください．このままセルに関数を入力し，ただ単に 200 個複写するだけでは，n や p をいろいろな値に変えて二項乱数を発生させるのに不便ですので，マクロを使って 200 個発生させてみます．

```
Function binrnd(n, p)
a = 0
For i = 1 To n
a = a + bern(p)
Next i
binrnd = a
End Function

Function bern(p)
a = Rnd
If a < p Then
bern = 1
Else
bern = 0
End If
End Function
```

図 10.2 二項乱数を発生
　　　　させる関数

　A1 に **5**，A2 に **0.5** と入力してください．アクティブセルを C1 へ移動してください．［開発］タブの［相対参照で記録］をクリックし，このボタンが押されており相対参照で記録される状態とした後，「マクロの記録」のボックスを開いてください．まず，マクロ名を **brand** とし，ショートカットキーを **a** とし，［OK］のボタンをクリックします．

マクロ記録の準備が整いましたので，C1 に＝**binrnd($A$1, $A$2)** と入力し，
［Enter］キーを押します．C1 に 0 から 5 までの数が現れ（乱数ですので，どの
数が現れるかはわかりません），アクティブセルが 1 つ下がりますので，アク
ティブセルを C1 に戻してください．関数を数値に変えるために，［ホーム］タ
ブの［コピー］をクリックし，［貼り付け］下側の矢印→［値の貼り付け（V）］
をクリックします．アクティブセルを 1 つ下げて，［開発］タブの［記録終了］
ボタンをクリックし，記録を終了します．［Ctrl］＋［a］キーを（［Ctrl］キーと
［a］キーを同時に）押して，このマクロが正しく動くことを確認してください．

　［開発］タブの［マクロ］を選択してください．「マクロ」のボックスが開きま
すので，［brand］を選択し，［編集（E）］をクリックします．図 10.3 のように，
先ほど記録したマクロの内容が表示されます．

　次に，200 個の乱数を発生させるようにこのマクロを書き換えてみましょう．
Sub brand( ) と ActiveCell.FormulaR1C1 = ″＝binrnd(R1C1, R2C1)″ の間に，次の
ステートメントを加えてください．

```
For i＝1 To 200
  brand1
  Next i
End Sub
```

```
Sub brand1( )
```

修正後のマクロは，図 10.4 のようになります．brand1 は 1 つの二項乱数を発
生させるサブルーチンで，マクロではこれを 200 回繰り返します．

　［ファイル（F）］→［終了して Microsof Excel へ戻る（C）］をクリックして，
Excel へ戻ってください．Sheet3 へ切り替え，アクティブセルを C1 へ移動させ

```
Sub brand()
'
' brand Macro
'
' Keyboard Shortcut: Ctrl+a
'
    ActiveCell.FormulaR1C1 = "=binrnd(R1C1,R2C1)"
    ActiveCell.Select
    Selection.Copy
    Selection.PasteSpecial Paste:=xlValues, Operation:=xlNone, SkipBlanks:= _
        False, Transpose:=False
    ActiveCell.Offset(1, 0).Range("A1").Select
End Sub
```

図 10.3　二項乱数を発生させるマクロ

```
Sub brand()
'
' brand Macro
'
' Keyboard Shortcut: Ctrl+a

For i = 1 To 200 ┐
    brand1       │
    Next i       │
End Sub          │ この行を加える

Sub brand1()
    ActiveCell.FormulaR1C1 = "=binrnd(R1C1,R2C1)"
    ActiveCell.Select
    Selection.Copy
    Selection.PasteSpecial Paste:=xlValues, Operation:=xlNone, SkipBlanks:= _
        False, Transpose:=False
    ActiveCell.Offset(1, 0).Range("A1").Select
End Sub
```

図 10.4　二項乱数を 200 個発生させるマクロ

てください．[Ctrl] + [a] キーを押してマクロを実行させ，$Bi(5, 0.5)$ の二項
乱数を 200 個発生させて，これをヒストグラムにし，前につくった確率分布の結
果と比較してください．両方のグラフは似た形になっています．また，n や p の
値を変えて，いろいろな分布に従う二項乱数を発生させてください．

c. ポアソン乱数

　二項乱数のマクロと小数の法則を使って $\lambda = 3$ のポアソン乱数を 200 個発生さ
せてみましょう．A1 に **100**，A2 に **0.03** と入力して $n = 100$, $p = 0.03$ とします．
（n の値はなるべく大きいほうがよいのですが，あまり大きくすると計算に時間
がかかりすぎますので，ここでは $n = 100$ とします.）ワークシートの適当なと
ころへアクティブセルを移動させ，マクロを実行させてポアソン乱数を 200 個発
生させ，ヒストグラムにしてください．

　なお，この方法はポアソン分布の理解には役立ちますが，ポアソン乱数を発生
させるには効率が悪く，よい方法ではありません．演習問題では，より効率的な
方法でポアソン乱数を発生させます．

d. 正 規 乱 数

　正規分布は連続型の分布ですので，正規乱数を逆変換法と呼ばれる方法を使っ
て発生させてみます．累積分布関数 $y = F(x)$ では y は x の関数ですが，逆に x
を y の関数として書き替えてみましょう．これが可能なのは連続型の分布だけ
ですが，この関数を逆関数と呼び，$x = F^{-1}(y)$ と表します．今，u を $[0, 1]$ の
一様乱数とすると，$x = F^{-1}(u)$ は累積分布関数が $F(c) = P(x \leq c)$ である分布に
従う乱数となります．この場合は任意の定数 c に対して $F^{-1}(u) \leq c \Leftrightarrow u \leq F(c)$
ですから，

$$P(x \leq c) = P(F^{-1}(u) \leq c) = P(u \leq F(c)) = F(c)$$

となり，x は目的とする分布に従う乱数となります．

　正規分布の累積分布関数は複雑な関数ですので，解析的に逆関数を求めることはできません．しかしながら，Excel には正規分布の逆関数を計算する関数が用意されていますので，それを使って標準正規分布に従う乱数を発生させてみます．適当なセルに＝**NORMSINV(RAND( ))** と入力してください．**NORMSINV** は標準正規分布の累積分布関数の逆関数を求める関数ですので，これによって標準正規分布に従う乱数を発生させることができます．これを 200 個複写し，さらに値複写の機能を使って数値に置き換えてください．この結果を度数分布表にしてヒストグラムに表し，確率密度関数の形と比較してください．

　なお，逆関数を求める **NORMSINV** は，完全ではありません．確率が非常に小さく 0 に近い場合や，非常に大きく 1 に近い場合は誤差が生じますので，万一，関数の値が−4.5 より小さくなったり 4.5 より大きくなったりした場合は，それぞれ−4.5，4.5 としてください．（もっとも，このような値が生じる確率は非常に小さく，10 万分の 1 以下ですので，200 個程度の乱数ではこのような値が出ることはほとんどありませんが….）

10.4.2　シミュレーションによる大数の法則と中心極限定理

　ここでは，確率論の二大定理である大数の法則と中心極限定理をシミュレーションして学習します．

a. 大 数 の 法 則

　n 個の $[0, 1]$ の一様乱数の平均を計算し，n 増加するに従ってその値の分布が期待値の 0.5 へ近づくことを確かめてみます．［開発］タブの［Visual Basic］をクリックし，Visual Basic Editor を起動して，次のステートメントを入力してください．

```
Function mean1(n)
  a＝0
  For i＝1 To n
    a＝a＋Rnd
  Next i
  mean1＝a/n
End Function
```

Excel に戻り，シートを挿入し，Sheet4 へ切り替えてこの関数が正しく動くこと

を確認してください.

次に,これを 200 回繰り返すマクロを作成します.A1 に **5** と入力してくださ
い.先ほどのマクロ作成手順と同様に,アクティブセルを C1 へ移動させ,［開
発］タブをクリックします.［相対参照で記録］のボタンが押されており,相対
参照で記録されるようになっていることを確認してください.［マクロの記録］
をクリックし,「マクロの記録」のボックスを開いてください.マクロ名を
LLN,ショートカットキーを **b** とし,［OK］をクリックします.

C1 に＝**MEAN1($A$1)** と入力し,［Enter］キーを押します.C1 に 0 から 1 ま
での数が現れ,アクティブセルが 1 つ下がりますので,アクティブセルを C1 に
戻してください.関数を数値に変えるために,［ホーム］タブの［コピー］をク
リックし,［貼り付け］下側の矢印→[値の貼り付け (V)] を選択し,［OK］を
クリックします.アクティブセルを 1 つ下げて,［開発］タブの［記録終了］ボ
タンをクリックして記録を終了します.［Ctrl] + [b] キーを押してこのマクロが
正しく動くことを確認してください.［開発］タブ→[マクロ] をクリックして
「マクロ」のボックスを開き,［LLN］を選択し,［編集 (E)] をクリックしてく
ださい.200 回の繰り返しを行わせるため,図 10.5 のように変更してください.

Excel に戻ってアクティブセルを適当な位置へ移動させ,［Ctrl] + [b] キーを
押して $n = 5$ の場合の一様乱数の平均を 200 個計算してください.その平均,標
準偏差,最大値,最小値,25 パーセント分位点,75 パーセント分位点を求めて
ください.さらに A1 の値を **50**,**500** と変えてワークシートの適当な場所に $n =$
50,500 の場合の値をそれぞれ 200 個ずつ発生させて,その平均,標準偏差,最

```
Sub LLN()
'
' LLN Macro
'
' Keyboard Shortcut: Ctrl+b
'
For i = 1 To 200 ─┐
LLNsub             │
Next i             │ ← この行を加える
End Sub            ┘

Sub LLNsub()
    ActiveCell.FormulaR1C1 = "=MEAN1(R1C1)"
    ActiveCell.Select
    Selection.Copy
    Selection.PasteSpecial Paste:=xlValues, Operation:=xlNone, SkipBlanks:= _
        False, Transpose:=False
    ActiveCell.Offset(1, 0).Range("A1").Select
End Sub
```

図 10.5 大数の法則のシミュレーションを行うマクロ

大値，最小値，25 パーセント分位点，75 パーセント分位点を同様に求め，n が増加するに従って，得られた分布が $[0, 1]$ の一様乱数の期待値の 0.5 に近づいていくことを確認してください．

b. 中心極限定理

確率変数の平均の分布が，n が大きくなるに従って正規分布に近づくことを，$[0, 1]$ の一様乱数を使って確かめてみます．Visual Basic Editor を起動し，

```
Function mean2(n)
  a=mean1(n)
  mean2=(12*n)^0.5*(a-0.5)
End Function
```

と入力してください．この関数では，先ほどつくった n 個の一様乱数の平均からその期待値の 0.5 を引き，（$[0, 1]$ の一様分布の分散は 1/12 ですので）$\sqrt{12 \cdot n}$ を掛けて分散が 1 となるようにしています．今までに学習した手順に従って，マクロ名を **CLT**，ショートカットキーを **c** として，これを 200 回繰り返すマクロを作成してください．

$n = 2$, 6, 12 として，各々 200 個ずつの繰り返しを行い，これから適当な階級の幅を選んで度数分布表をつくり，ヒストグラムにしてください．n が大きくなるに従ってヒストグラムの形状が正規分布の確率密度関数に似てくることを確認してください．

以上で本章を終了しますので，ファイルの形式を「Excel マクロ有効ブック」とし，**EX10** とファイル名を付けて保存してください．

10.5 確率分布と乱数を使ったシミュレーションの演習

1. $\lambda = 3$ のポアソン分布の確率関数，累積分布関数をグラフにしてください．（Excel にはポアソン分布の確率分布を求める関数が用意されていますが，ここでは演習のため，ユーザー定義関数をつくってください．Excel でポアソン分布の確率分布を求める関数は **POISSON** で，**POISSON (x の値，λ の値，関数形式)** として使用します．他の確率分布と同様，関数形式に TRUE を指定すると累積分布関数が，FALSE を指定すると確率関数が計算されます．）

2. $a = 3$ の指数分布の確率密度関数，累積分布関数をグラフにしてください．

3. 指数分布は，$y = F(x) = 1 - e^{-a \cdot x}$, $x \geq 0$ ですので，$x \geq 0$ で逆関数はその

$x = F^{-1}(y) = -(1/a) \cdot \log_e(1-y)$ となります. 逆変換法を使って $a=1$ の指数乱数を 200 個発生させ, 度数分布表をつくり, グラフにしてください. Excel においては, e を底とする自然対数は **LN(数値)** で計算します. (なお, u が $[0,1]$ の一様乱数である場合, $1-u$ も $[0,1]$ の一様乱数ですので, $1-u$ を計算せずに直接 u を使うことができます.)

4. 小数の法則を使ってポアソン乱数を発生させるのは, 時間がかかり効率的な方法とはいえません. ある事柄 (例えば, 放射性原子の崩壊) が発生してから次の事柄が発生するまでの発生時間の分布が $a=1$ の指数分布に従うとすると, 一定時間 t の間に起こる事柄の合計数は, $\lambda = t$ のポアソン分布に従うことが知られています.

   次の関数は, この原理に基づいてポアソン乱数を発生させています. これを使って $\lambda = 3$ のポアソン乱数を 200 個発生させ, グラフにしてください. (**Do While** ステートメントは, 条件が満足されている間, **Loop** までのステートメントを実行します. なお, Excel と異なり, VBA の Log 関数は e を底とする自然対数となります.)

```
Function pornd(t)
  x＝0
  t1＝－Log(Rnd)
  Do While t1＜t
    x＝x＋1
    t1＝t1－Log(Rnd)
  Loop
  pornd＝x
End Function
```

5. 二項乱数 $Bi(2, 0.7)$ を使って, n 個の乱数の平均を計算し, 大数の法則のシミュレーションを行ってください.

6. 二項乱数 $Bi(2, 0.5)$, $Bi(2, 0.8)$ を使って, 中心極限定理のシミュレーションを行ってください. 正規分布で近似されるのに後者は前者に比較して大きな n が必要であることを確認してください.

11. 正規母集団に関する推定と検定

　母集団はある分布をもっていますが，その分布が $f(x)$ で表されるとします．われわれの目的はこの母集団の分布について知ることですが，全数調査が不可能であり，標本調査を行うものとします．この母集団から，単純ランダムサンプリング（単純無作為抽出）と呼ばれる方法で，$X_1, X_2, \cdots, X_n$ を標本として抽出したとします．単純ランダムサンプリングは母集団の各要素が選ばれる確率を等しくするものであり，最も基本的かつ重要な標本抽出方法です．母集団は非常に多くの要素からなるのが一般的ですので，数学的な取り扱いを簡単にするために，無限個の要素からなるとします．このような母集団から，単純ランダムサンプリングで標本抽出を行うと，$X_1, X_2, \cdots, X_n$ は独立で母集団の分布 $f(x)$ と同一の分布に従う確率変数となります．

　本章では，特に母集団の分布が正規分布 $N(\mu, \sigma^2)$ に従っている場合を考えます．μ, σ^2 は母集団を決定するパラメータですので，母数（parameter）と呼ばれます．μ, σ^2 は母集団の平均および分散となっていますので，母平均（population mean）および母分散（population variance）と呼ばれており，母集団の分布の位置とばらつきを表しています．

　正規分布は，多くのデータがこの分布に従うことが知られているばかりでなく，数学的にも非常に取り扱いやすく，統計学理論の中心となっています．また，たとえ母集団が正規分布でなくても，中心極限定理によって漸近的に（すなわち，n がある程度以上の大きさであれば近似的に）ですが，本章の結果を使うことができます．

　ところで，母数は未知ですので，抽出された標本 $X_1, X_2, \cdots, X_n$ から母数を求める必要があります．これを推定（estimation）と呼び，母数を推定するために標本から求めたものを，推定量（estimator）と呼びます．推定量は $X_1, X_2, \cdots, X_n$ の関数ですので，抽出される標本によって値が変化し，確率的な取り扱いが必要となります．ここでは，正規母集団の場合の「推定と検定」について述べま

す.

　本章の内容は, 第8章までの記述統計と多少ギャップがあり, 数式だけから理解するのは, やや難しいかもしれません. データを使って実際に分析を行ってみることは, 推定と検定の理解を容易にします. 理論的な説明で多少難しい部分があっても, 演習を行い, それによって推定と検定がどのようなものであるかを学習してください. ページ数の制限上, 理論的な説明については最小限にとどめましたので, 詳細は, 前掲の拙著などを参照してください. なお, 演習で使う国別人口のデータは, 以後, これまでに述べた条件を満たす標本データであると見なします.

11.1　点推定と区間推定

　母数を求めるのにある1つの値で求める方法を, 点推定と呼びます. また, 推定には誤差があることを考慮し, 真の母数の値が入る確率が一定以上となる区間を求める方法を, 区間推定と呼びます. ここでは, 母平均 μ と母分散 σ^2 の点推定について述べ, 次いで区間推定について説明します.

11.1.1　点　　推　　定

　母平均 μ を求めるのには, 標本平均

(11.1) 　　　　　　　$\bar{X} = (X_1 + X_2 + \cdots + X_n)/n = \sum X_i/n$

が使われます. また, 母分散 σ^2 は標本分散

(11.2) 　　　　　　　$s^2 = \sum (X_i - \bar{X})^2/(n-1)$

で推定します. 第7章と異なり, n でなく $n-1$ で割っていることに注意してください. (分散を求める場合, 母集団では n で, 標本では $n-1$ で割ります.) ところで, 標本平均のように標本の情報を集約したものを, 統計量 (statistic) と呼びます. 推定量は, 特別な統計量です.

　$X_1, X_2, \cdots, X_n$ は確率変数ですので, $\bar{X}, s^2$ も確率変数となりますが, その期待値をとると,

$$E(\bar{X}) = \mu, \qquad E(s^2) = \sigma^2$$

となり, 真の母数の値となります. このように, 期待値をとると真の母数となる推定量を, 不偏推定量 (unbiased estimator) と呼びます. また, この2つは $n \to \infty$ とすると真の母数の値に確率収束しますが, このような推定量を, 一致推定量 (consistent estimator) と呼びます. 不偏性, 一致性は, 推定量が必要とする基本的な性質です. 標本平均 $\bar{X}$ の分散は,

$$(11.3) \qquad\qquad V(\bar{X}) = \sigma^2/n$$

となり, n が大きくなるに従って小さくなることがわかります.

ところで, 具体的に n 個の観測値の値を代入すると推定量を実際の数値として計算することができますが, これを推定値 (estimate) と呼びます. われわれが現実のデータから計算するのは推定値で, 推定量のとりうる値の1つが実現したものです. (なお, 以上のことは, 母集団の分布が正規分布でなくともそのまま成り立ちます.)

11.1.2 区 間 推 定

すでに述べたように, 標本平均 $\bar{X}$ で母平均 μ を推定しますが, 標本からの推定には確率的な誤差がありますので, $\bar{X}$ は μ と一致しません. 正規母集団の場合, 両者が一致する確率は0です. しかしながら, $\bar{X}$ は μ の近くにある (確率が高い) はずです. $\bar{X}$ を中心にある幅の区間を考えると, μ がその区間に含まれる確率は低くないはずです.

区間推定は, 推定の誤差を考慮して, 母平均 μ が入る確率が事前に決められた水準 $1-a$ となる区間, すなわち,

$$P[L \leq \mu \leq U] \geq 1-a$$

となる区間 $[L, U]$ を求めるものです. この区間は信頼区間 (confidence interval), L は下限信頼限界 (lower confidence limit), U は上限信頼限界 (upper confidence limit), $1-\alpha$ は信頼係数 (confidence coefficient) と呼ばれます. μ, σ^2 の区間推定を行ってみます.

a. 母平均の区間推定

$X_1, X_2, \cdots, X_n$ は独立で $N(\mu, \sigma^2)$ に従う確率変数ですので, 正規分布の性質から, 標本平均 $\bar{X}$ は,

$$\bar{X} \sim N(\mu, \sigma^2/n)$$

となります. (〜は, 確率変数がある確率分布に従うことを示しています.) したがって, $\sqrt{n}(\bar{X}-\mu)/\sigma$ は標準正規分布 $N(0,1)$ に従うことになりますが, σ は未知ですので, 標本から計算した標準偏差 s で置き換えます.

$t = \sqrt{n}(\bar{X}-\mu)/s$ は, 自由度 $n-1$ の t 分布 $t(n-1)$ に従うことが知られています. t 分布は, 標準正規分布と同様に0に対して対称の山形の分布で, 多くの区間推定や検定はこの分布を使って行います. 自由度が $n-1$ となるのは, $\sum(X_i - \bar{X}) = 0$ であるため自由度が1減ってしまう, と理解しておいてください. また, t 分布はその自由度が無限大になると標準正規分布と一致します. Excel では t 分

布を計算する関数が組み込まれていますので，それらを使って区間推定と検定を行います．

　自由度 $n-1$ の t 分布において，その点より上側の確率が $100\cdot\alpha\%$ となる点をパーセント点（percent point）と呼び，$t_\alpha(n-1)$ で表します．$t=\sqrt{n}(\bar{X}-\mu)/s$ は t 分布に従い，t 分布は原点に対して対称ですので，

$$P\{|\sqrt{n}(X-\mu)/s|\leq t_{\alpha/2}(n-1)\}=1-\alpha$$

となります．これを変形すると，

$$P\{\bar{X}-t_{\alpha/2}(n-1)\cdot s/\sqrt{n}\leq\mu\leq\bar{X}+t_{\alpha/2}(n-1)\cdot s/\sqrt{n}\}=1-\alpha$$

ですので，母平均 μ の信頼係数 $1-\alpha$ の信頼区間は，

$$(11.4)\qquad [\bar{X}-t_{\alpha/2}(n-1)\cdot s/\sqrt{n},\ \bar{X}+t_{\alpha/2}(n-1)\cdot s/\sqrt{n}]$$

となります．同一の信頼係数に対する信頼区間は n が増加するに従って小さくなり，より正確な推定が可能となりますが，信頼区間の幅は $1/\sqrt{n}$ のオーダーでしか小さくならないことに注意してください．

b. 母分散の区間推定

　標本分散 s^2 は標本平均からの偏差の二乗和を $n-1$ で割って求めていますが，偏差の二乗和を σ^2 で割ったもの，すなわち，$\sum(X_i-\bar{X})^2/\sigma^2$ は，自由度 $n-1$ のカイ二乗分布（χ^2 分布）$\chi^2(n-1)$ に従うことが知られています．自由度 k の χ^2 分布は，それぞれが，標準正規分布に従う独立な k 個の確率変数 $u_1,u_2,\cdots,u_k$ を 2 乗して加えた $u_1{}^2+u_2{}^2+\cdots+u_k{}^2$ が従う分布です．2 乗していますので負の部分の確率密度関数は 0 となります．t 分布と同様，χ^2 分布は非常に重要な分布で，多くの統計学の理論や方法がこの分布に基づいています．Excel では，χ^2 分布を計算する関数が組み込まれています．

　ここで，自由度 $n-1$ の χ^2 分布の上側の確率が $100\cdot\alpha\%$ となるパーセント点を $\chi^2{}_\alpha(n-1)$ としますと，

$$P\{\chi^2{}_{1-\alpha/2}(n-1)\leq\sum(X_i-\bar{X})^2/\sigma^2\leq\chi^2{}_{\alpha/2}(n-1)\}=1-\alpha$$

となります．t 分布の場合と異なり，原点に対して対称でありませんので，分布の上側と下側の 2 つのパーセント点が必要なことに注意してください．この式を変形しますと，

$$P\{\sum(X_i-\bar{X})^2/\chi^2{}_{\alpha/2}(n-1)\leq\sigma^2\leq\sum(X_i-\bar{X})^2/\chi^2{}_{1-\alpha/2}(n-1)\}=1-\alpha$$

となり，母分散 σ^2 の信頼係数 $1-\alpha$ の信頼区間は，

$$(11.5)\qquad [\sum(X_i-\bar{X})^2/\chi^2{}_{\alpha/2}(n-1),\ \sum(X_i-\bar{X})^2/\chi^2{}_{1-\alpha/2}(n-1)]$$

となります．

11.1.3 国別人口データを使った母平均と母分散の推定

国別の人口データを使って，人口増加率の母平均と母分散の区間推定を行ってみます．国別人口のデータの入っている pop2 というファイルを呼び出してください．現在は，Sheet4 まで使っていますが，このシートはかなりみづらくなっています．［ホーム］タブ→［挿入］の下側の矢印→［シートの挿入 (S)］を選択して Sheet 5 を挿入してください．Sheet 4 から「人口増加率」，「所得」の2つのデータを Sheet 5 へ複写してください．「所得」は値複写してください．（「所得」は後ほど使用します．）人口増加率のデータは繰り返し使用しますので，名前を付けておきます．A2 から A79 までをマウスでドラッグして指定し，［数式］タブ→「定義された名前」グループの［名前の定義］を選択します．名前としては，フィールド名の「人口増加率」が自動的に現れますので［OK］をクリックすると，「人口増加率」という名前でデータの範囲が登録されます．

a. 母平均の推定

F1 から下側に順に平均，標準偏差，標本の大きさ (n)，自由度 (n-1)，信頼係数，パーセント点と入力してください．その隣に G1 から順に＝**AVERAGE**（人口増加率），＝**STDEV**（人口増加率），＝**COUNT**（人口増加率），＝**G3-1**，**95**％，＝**TINV**(**1-G5,G4**) と入力してください．**STDEV** は標本標準偏差，すなわち，偏差の二乗和を $n-1$ で割って求めています．（**VARP, STDEVP** は n で割った母集団の分散，標準偏差を，**VAR** および **STDEV** は $n-1$ で割った標本分散，標本標準偏差を計算します．）**TINV** は，t 分布のパーセント点を求める関数で，t（確率，自由度）としますが，**TINV** (α, k) とすると，他の関数と異なり $\alpha/2$ のパーセント点の $t_{\alpha/2}(k)$ が計算されますので，注意してください．

準備ができましたので，母平均の信頼区間を推定してみます．F9 から下側に母平均の信頼区間，幅＊**1/2**，下限，上限と入力してください．G10 に信頼区間の幅の半分である $t_{\alpha/2}(n-1) \cdot s/\sqrt{n}$ を計算しますので，＝**G2**＊**G6/SQRT(G3)** と入力します．G11 には，＝**G1-G10**，G12 には＝**G1+G10** と入力して下限信頼限界，上限信頼限界を求めます（図11.1）．（Excel には **CONFIDENCE** という，信頼区間の幅の 1/2 を求める関数が用意されていますが，この関数は t 分布でなく正規分布に基づいて計算を

	F	G
1	平均	0.61%
2	標準偏差	0.88%
3	標本の大きさ(n)	78
4	自由度(n-1)	77
5	信頼係数	95%
6	パーセント点	1.9913
7		
8		
9	母平均の信頼区間	
10	幅*1/2	0.20%
11	下限	0.41%
12	上限	0.81%

図 11.1 母平均の計算

行っており，特にnが小さい場合，誤差が出ますので使用しないでください.）

Excel では，最大 15 桁までの有効数字の表示が可能です．しかしながら，データの信頼性などの問題から，あまり多くの桁数を表示することは，意味がないばかりでなく，推定の精度について間違った印象や情報を与えてしまいます．レポートなどとして提出する最終の結果は，データの精度や分析の目的に応じた適当な表示桁数を選んでください.

b. 母分散の推定

母分散の推定を行います．まず，χ^2分布のパーセント点と平均からの偏差の二乗和を求めてみます．F15 から順に下側に**カイ二乗分布，下側パーセント点，上側パーセント点，偏差の二乗和**と入力してください．$\chi^2_{1-\alpha/2}(n-1)$, $\chi^2_{\alpha/2}(n-1)$ を計算しますので，G16 に**＝CHIINV(1−(1−G5)/2,G4)**，G17 に**＝CHIINV((1−G5)/2,G4)** と入力してください．G18 に偏差の二乗和を計算しますので，**＝DEVSQ(人口増加率)** と入力してください．**CHIINV** は，χ^2分布のパーセント点を，**DEVSQ** は偏差の二乗和を求める関数です．（分散の値を（$n-1$）倍しても偏差の二乗和を求めることは可能ですが，Excel には計算関数が用意されています.）

標本分散 s^2 を求めます．F21 に**分散**と入力して，隣の G21 に**＝VAR(人口増加率)** と入力してください．次に，信頼係数 95% の区間推定を行います．F24 から下側に**母分散の信頼区間，下限，上限**と入力してください．G25 に**＝G18/G17**，G26 に**＝G18/G16** として，偏差の二乗和をパーセント点の上限値，下限値で割って信頼区間を求めてください（図 11.2）.

◢	F	G
15	カイ二乗分布	
16	下側パーセント点	54.623
17	上側パーセント点	103.158
18	偏差の二乗和	0.00603
19		
20		
21	分散	7.831E-05
22		
23		
24	母分散の信頼区間	
25	下限	5.846E-05
26	上限	0.0001104

図 11.2　母分散の指定

11.2　仮　説　検　定

　ここでは，仮説検定の基本的な考え方を簡単に説明し，次に，正規母集団の母平均と母分散における検定について説明します．

11.2.1　仮説検定とは

　仮説検定（hypothesis testing）は，観測された結果と期待される結果を比較し，母集団に関する命題を得られた標本から検証することを目的としています．ここに玩具のサイコロがありますが，これが正しく（1 から 6 までの目の出る確率が等しく 1/6 ずつ）つくられているかどうかをサイコロを投げて検証してみます．表 11.1 は，このサイコロを 60 回投げた結果ですが，厳密にサイコロが正しくつくられている場合の理論上予想される回数とは一致していません．

表 11.1　サイコロを 60 回投げた結果

サイコロの目	1	2	3	4	5	6
視 測 度 数	11	16	11	7	8	7

　重要なのは，この結果と理論値のずれが，確率的な誤差の範囲内かどうかです．統計学では，理論値とのずれが確率的な誤差の範囲を超え，誤りであると判断せざるをえないとき，仮説を棄却（reject）するといいます．仮説を棄却するということは，標本が（仮説が正しいとすれば）ほとんど起こらない（出現する確率の低い）場合ですが，この基準となる確率は，有意水準（significance level）と呼ばれ，α で表されます．仮説が棄却された場合，仮説からのずれは有意（significant）であるといいます．（当然のことながら，有意水準をどのレベルにするかで検定の結果が変わります．ただ単に「有意である」としただけでは意味がなく，必ず，「有意水準 α で有意である」と表記する必要があります．）

　一般の仮説検定では，母集団の母数についてある条件を仮定して仮説を設定し，これを帰無仮説（null hypothesis）と呼び，H_0 で表します．また，これと対立する仮説を対立仮説（alternative hypothesis）と呼び，H_1 で表します．H_0 と H_1 は互いに否定の関係にあり，同時に成り立つことはありません．（帰無）仮説が棄却されないことを仮説が採択（accept）されたと呼びます．（なお，仮説が採択されたといっても，これは観測結果が理論と矛盾しないということであり，正しいことが積極的に証明されたわけではありませんので注意してください．）

　ところで，仮説検定には次の 2 つの誤りが考えられます．

 ⅰ） 帰無仮説が正しいのにもかかわらず，それを棄却してしまう，第一種の
　　　誤り（type I error）.

 ⅱ） 帰無仮説が誤りであるにもかかわらず，それを採択してしまう，第二種
　　　の誤り（type II error）.

一般に，標本の大きさ n が一定の場合，残念ながら，両方の起こる確率を同時に小さくすることはできません．検定においては，第一種の誤りの起こる確率をある水準 α 以下に固定し，第二種の誤りの起こる確率をできるだけ小さくする方法を考えます．すでに述べたように α は有意水準と呼ばれます．実際の検定では α の大きさは 5% や 1% が選ばれることが多いのですが，必ずこの値にしなければならないということでなく，検定の目的によって選ぶことが重要です．次に，正規母集団の母平均と母分散に関する検定について具体的に学習します．

11.2.2　母平均の検定

　正規母集団の母平均 μ に関する検定は，最も広く行われている検定です．これを，両側検定（two-tailed test）と片側検定（one-tailed test）とに分けて説明します．

a.　両　側　検　定

　両側検定では，帰無仮説，対立仮説をそれぞれ，

$$H_0 : \mu = \mu_0, \qquad H_1 : \mu \neq \mu_0$$

とします．μ_0 は，理論的数値や目標から想定される数値です．例えば，エアコンの温度を 25℃ に設定して機器が正常に働いていたとすると，観測される温度は（そのときの気象条件や部屋の使用条件などでばらつきますが），25℃ の周辺に分布するはずですので，$H_0 : \mu = 25.0$ となります．

　検定は μ_0 と $\bar{X}$ がどの程度離れているかに基づいて行います．区間推定のところで述べたように，$t = \sqrt{n}\,(\bar{X}-\mu)/s$ は自由度 $n-1$ の t 分布 $t(n-1)$ に従います．帰無仮説が正しいとすると $\mu = \mu_0$ ですから，帰無仮説のもとでは，

(11.6)　　　　　　　　　　　　$t = \sqrt{n}\,(\bar{X}-\mu_0)/s$

は，$t(n-1)$ に従うことになります．t のように検定に使われる統計量を検定統計量（test statistic）と呼びます．

　目的に応じて適当な有意水準 α を選びますと，両側検定では t と t 分布のパーセント点 $t_{\alpha/2}(n-1)$ とを比較して，

　$|t| > t_{\alpha/2}(n-1)$ のときに帰無仮説を棄却する，

　$|t| \leq t_{\alpha/2}(n-1)$ のときに帰無仮説を採択する（棄却しない），

ことになります．この検定は，帰無仮説の棄却域が両側にある（tの値が大きすぎても小さすぎても棄却される）ため，両側検定と呼ばれます．

b. 片 側 検 定

母平均の大きさが理論的・経験的に予想される場合，片側検定を行います．今，μの値がμ_0より大きいことが予想されたとします．この場合，帰無仮説，対立仮説をそれぞれ，

$$H_0 : \mu = \mu_0, \qquad H_1 : \mu > \mu_0$$

として，右片側検定を行います．

帰無仮説は変わりませんので，帰無仮説のもとでは両側検定と同じく，

$$t = \sqrt{n}\,(\bar{X} - \mu_0)/s$$

は，$t(n-1)$ に従います．しかしながら，対立仮説が異なっていますので，棄却域が異なってきます．前と同様にαを有意水準としますと，右片側検定では，t と $t_\alpha(n-1)$ を比較して，

$t > t_\alpha(n-1)$ のときに帰無仮説を棄却する，

$t \leq t_\alpha(n-1)$ のときに帰無仮説を採択する（棄却しない），

ことになります．

また，μの値がμ_0より小さいことが予想される場合は，帰無仮説，対立仮説をそれぞれ，$H_0 : \mu = \mu_0$, $H_1 : \mu < \mu_0$ とし，$t < -t_\alpha(n-1)$ のときに帰無仮説を棄却し，$t \geq -t_\alpha(n-1)$ のときに帰無仮説を採択する左片側検定を行います．

c. 両側検定と片側検定の選択

一般に，両側検定は，母平均がある目標値と等しいかどうかを調べる場合に用いられます．例えば，エアコンが正しく働いていれば，気象条件や運転条件による多少のばらつきがあるにしても，室温は設定温度の近くになるはずで，室温が設定値から（いずれの方向においても）大きく異なることは，エアコンが正しく働いていないことを意味します．このような場合，両側検定を用います．

一方，片側検定は，母平均の大きさが理論的・経験的に予想される場合に用いられます．今，統計学の特別授業を行い，その前後で試験を行ったとします．特別授業の効果があった場合，授業後の試験の平均のほうがよくなっているはずです．このような場合，われわれが知りたいのは，授業前後の得点の平均が異なっていることではなく，授業後の得点が向上したかどうかです．このような場合，対立仮説を不等号で与える片側検定を用います．

11.2.3　母分散の検定

すでに述べたように，$\sum (X_i - \bar{X})^2/\sigma^2$ は自由度 $n-1$ の χ^2 分布，$\chi^2(n-1)$ に従います．今，σ^2 に関する帰無仮説 $H_0 : \sigma^2 = \sigma_0^2$ の検定を考えますと，帰無仮説が正しければ，

$$(11.7) \qquad \chi^2 = \sum (X_i - \bar{X})^2/\sigma_0^2 = (n-1) \cdot s^2/\sigma_0^2$$

は，$\chi^2(n-1)$ に従うことになります．母分散の検定は，この関係を用いて行います．検定の有意水準を α とし，$\chi^2(n-1)$ のパーセント点と χ^2 を比較し，

ⅰ）　対立仮説が $H_1 : \sigma^2 \neq \sigma_0^2$ のときは，両側検定を行う．すなわち，$\chi^2_{1-\alpha/2}$ $(n-1) < \chi^2 < \chi^2_{\alpha/2}(n-1)$ の場合，H_0 を採択し，それ以外は棄却する，

ⅱ）　対立仮説が $H_1 : \sigma^2 > \sigma_0^2$ のときは，右片側検定を行う．すなわち，$\chi^2 > \chi^2_{\alpha}(n-1)$ の場合，H_0 を棄却し，それ以外は採択する，

ⅲ）　対立仮説が $H_1 : \sigma^2 < \sigma_0^2$ のときは，左片側検定を行う．すなわち，$\chi^2 < \chi^2_{1-\alpha}(n-1)$ の場合，H_0 を棄却し，それ以外は採択する，

という検定を行います．

　両側検定を行うか，片側検定を行うかは，母平均の場合と同様，理論的・経験的に母分散の大きさが予測できるかどうかによります．

11.2.4　国別人口データを使った母平均と母分散の検定

a.　母平均 μ の検定

　ここでは，国別の人口増加率のデータを使って母平均 μ の検定を行ってみます．人口が 0.7%/年の割合で増加したとしますと，ほぼ 100 年で 2 倍の水準となります．国別人口の増加率の母平均がこの値かどうかを両側検定で検定してみます．帰無仮説，対立仮説はそれぞれ，

$$H_0 : \mu = 0.7\%, \qquad H_1 : \mu \neq 0.7\%$$

となります．

	I	J	K
1	母平均の検定		
2			
3	検定1（両側検定）		
4	帰無仮説	0.70%	
5	対立仮説	≠0.70%	
6	有意水準	5%	
7	検定統計量t	-0.89045	
8	パーセント点	1.9913	
9	|t|＜パーセント点		
10	検定結果	帰無仮説を採択	

図 11.3　母平均の両側検定

　I1 に母平均の検定と入力し，I3 から下側へ順に検定 1（両側検定），帰無仮説，対立仮説，有意水準，検定統計量 t，パーセント点と入力してください．J4 に帰無仮説の値の 0.7% を，J5 に対立仮説の ≠0.7% を，J6 に有意水準の 5% を入力してください（図 11.3）．なお，「≠」は Microsoft の IME ではふとうごうと入力して変換します．「≠」の入力の仕方がわからない場合は，

「＜＞」で代用してください.

すでに検定統計量の計算に必要な $\bar{X}$, s, n は計算してありますので, J7 に＝**SQRT(G3)＊(G1－J4)/G2** と入力して検定統計量 t の値を計算します. J8 に＝**TINV(J6,G4)** と入力し, t 分布のパーセント点 $t_{\alpha/2}(n-1)$ の値を求めます. この結果は, $|t|=0.890<t_{\alpha/2}(n-1)=1.991$ ですので, 有意水準 5% で帰無仮説を採択します.（棄却しません.）

	I	J	K
12	検定2（片側検定）		
13	帰無仮説	1.61%	
14	対立仮説	<1.61%	
15	有意水準	5%	
16	検定統計量t	-9.9721	
17	パーセント点	1.6649	
18	t<-パーセント点		
19	検定結果	帰無仮説を棄却	

図 11.4　母平均の片側検定

第 1 章の演習問題の表 1.1 から 1960〜2017 年の世界の人口増加率を求めると, 1.61% となります. 増加率の母平均がこの値より小さくなっているかどうかを検定してみます. この場合, 等しいかどうかだけでなく, 大きさも重要ですので, 帰無仮説, 対立仮説をそれぞれ,

$$H_0 : \mu = 1.61\%, \qquad H_1 : \mu < 1.61\%$$

とし, 左片側検定を使います.

I12 から順に**検定 2（片側検定）, 帰無仮説, 対立仮説, 有意水準, 検定統計量 t, パーセント点**と入力してください. J13 に **1.61%**, J14 に**<1.61%**, J15 に **5%** と入力し, 前と同様に t の値を J16 に計算してください（図 11.4）. 次に, パーセント点を計算します. α のパーセント点の $t_\alpha(n-1)$ を計算するには, **TINV(2＊α,n-1)** と入力する必要があります. J17 に＝**TINV(2＊J15,G4)** と入力してパーセント点を求めます. $t=-9.972<-t_\alpha(n-1)=-1.665$ ですので, 有意水準 5% で帰無仮説は棄却されます. 人口増加率は低下傾向にあることが認められます.

b. 母 分 散 の 検 定

人口増加率のデータを使い, 母分散 σ^2 が $(1\%)^2 = 0.0001$ であるかどうか, すなわち,

$$H_0 : \sigma^2 = (1\%)^2, \qquad H_1 : \sigma^2 \neq (1\%)^2$$

を検定してみます. I22 に**母分散の検定**, I24 から下側に順に**検定 3（両側検定）, 帰無仮説, 対立仮説, 有意水準, 検定統計量 chi2, 下側パーセント点, 上側パーセント点**と入力してください.（chi は χ の英語読みです. χ を直接入力可能な方は χ と入力しても結構です.）J25 から順に **0.0001**, **≠ 0.0001**, **5%** と入力してください（図 11.5）.

	I	J	K	L
24	検定3（両側検定）			
25	帰無仮説	0.0001		
26	対立仮説	≠0.0001		
27	有意水準	5%		
28	検定統計量chi2	60.3024		
29	下側パーセント点	54.6234		
30	上側パーセント点	103.1581		
31	下側パーセント点<chi2<上側パーセント点			
32	検定結果	帰無仮説を採択		

図 11.5　母分散の検定

偏差の二乗和はすでに計算してありますので，これを帰無仮説の値で割って，検定統計量 χ^2 を計算してください．**CHIINV** を使って，χ^2 分布の下側，上側のパーセント点を求めてください．$\chi^2_{1-\alpha/2}(n-1)=54.623<\chi^2=60.302<\chi^2_{\alpha/2}(n-1)=103.158$ ですので，帰無仮説は有意水準 5% で採択されます．

11.3　2つの母集団の同一性の検定

2つの正規母集団が同一かどうかは，非常に重要な問題です．例えば，薬の副作用を調べる場合，実験用のマウスを2つのグループに分け，一方のみに薬を与えてその結果（体重などに差が出るかどうか）を検定するといったことが広く行われています．これを二標本検定（two-sample test）といいますが，ここでは，母平均の差と母分散の比の検定について学習します．

11.3.1　母平均の差の検定

2つの母集団が，$N(\mu_1, \sigma_1^2)$，$N(\mu_2, \sigma_2^2)$ に従い，第一の母集団から $X_1, X_2, \cdots, X_m$ を，第二の母集団から $Y_1, Y_2, \cdots, Y_n$ を標本として抽出したとします．検定したいのは $\mu_1=\mu_2$ かどうかですので，帰無仮説は，

$$H_0 : \mu_1=\mu_2$$

となります．対立仮説は，両側検定の場合，

$$H_1 : \mu_1 \neq \mu_2$$

片側検定の場合，

$$H_1 : \mu_1>\mu_2 \text{ または } H_1 : \mu_1<\mu_2$$

となります．両側か片側かは，すでに学習したように目的に応じて決定されます．検定は，2つの母分散が等しいかどうかによって異なりますので，各々について簡単に説明します．

a.　$\sigma_1{}^2 = \sigma_2{}^2 = \sigma^2$ の場合の検定

２つの母分散が等しい場合，２つの標本平均を $\bar{X}$，$\bar{Y}$ とし，分散 σ^2 を，

$$(11.8) \qquad s^2 = \left\{ \sum_{i=1}^{m} (X_i - \bar{X})^2 + \sum_{i=1}^{n} (Y_i - \bar{Y})^2 \right\} \Big/ (m+n-2)$$

で推定すると，帰無仮説のもとで，

$$(11.9) \qquad t = (\bar{X} - \bar{Y}) / \{ s \cdot \sqrt{(1/m) + (1/n)}\ \}$$

は，自由度 $m+n-2$ の t 分布に従うことが知られています．したがって，

　ⅰ）　両側検定では，$|t| > t_{\alpha/2}(m+n-2)$ の場合，帰無仮説を棄却し，それ以外は採択する，

　ⅱ）　$H_1 : \mu_1 > \mu_2$ では，$t > t_\alpha(m+n-2)$ の場合，帰無仮説を棄却し，それ以外は採択する，

　ⅲ）　$H_1 : \mu_1 < \mu_2$ では，$t < -t_\alpha(m+n-2)$ の場合，帰無仮説を棄却し，それ以外は採択する，

ことになります．

b.　$\sigma_1{}^2 \neq \sigma_2{}^2$ の場合の検定

２つの母分散が等しくない場合，$s_1{}^2 = \sum (X_i - \bar{X})^2 / (m-1)$，$s_2{}^2 = \sum (Y_i - \bar{Y})^2 / (n-1)$ をそれぞれの標本分散とすると，

$$(11.10) \qquad t = (\bar{X} - \bar{Y}) / \sqrt{s_1{}^2/m + s_2{}^2/n}$$

は，帰無仮説のもとで近似的に（残念ながら正確な分布を求めることはできません），自由度が

$$(11.11) \quad \nu = (s_1{}^2/m + s_2{}^2/n)^2 / \{(s_1{}^2/m)^2/(m-1) + (s_2{}^2/n)^2/(n-1)\}$$

に最も近い整数 ν^* で与えられる t 分布 $t(\nu^*)$ に従うことが知られています．したがって，

　ⅰ）　両側検定では，$|t| > \mathrm{t}_{\alpha/2}(\nu^*)$ の場合，帰無仮説を棄却し，それ以外は採択する，

　ⅱ）　$H_1 : \mu_1 > \mu_2$ では，$t > t_\alpha(\nu^*)$ の場合，帰無仮説を棄却し，それ以外は採択する，

　ⅲ）　$H_1 : \mu_1 < \mu_2$ では，$t < -t_\alpha(\nu^*)$ の場合，帰無仮説を棄却し，それ以外は採択する，

ことになります．この検定はウェルチの検定（Welch's test）と呼ばれています．

　なお，詳細は省略しますが，母分散が等しいにもかかわらずこの検定を行いますと検定の精度が落ちますので，注意してください．

11.3.2 母分散の比の検定

2つの正規母集団の母平均の検定は，母分散が等しいかどうかに依存します．また，2つの製造工程のばらつきの比較など，母分散が等しいかどうかそれ自体が重要となる場合もあります．帰無仮説は，

$$H_0 : \sigma_1^2 = \sigma_2^2$$

となります．対立仮説は，両側検定で

$$H_1 : \sigma_1^2 \neq \sigma_2^2$$

片側検定で

$$H_1 : \sigma_1^2 > \sigma_2^2 \text{ または } H_1 : \sigma_1^2 < \sigma_2^2$$

となります．

帰無仮説のもとでは，

(11.12) $$F = s_1^2 / s_2^2$$

は自由度が $(m-1, n-1)$ の F 分布，$F(m-1, n-1)$ に従うことが知られています．F 分布は，独立な2つの χ^2 分布に従う確率変数を，その自由度で割り，さらに比をとった確率変数が従う分布です．確率密度関数は負の部分では 0 となります．したがって，検定は，F の値と自由度 $(m-1, n-1)$ の F 分布のパーセント点 $F_{\alpha/2}(m-1, n-1)$，$F_{1-\alpha/2}(m-1, n-1)$，$F_{\alpha}(m-1, n-1)$ などとを比較して，

ⅰ）　両側検定では，$F < F_{1-\alpha/2}(m-1, n-1)$，$F > F_{\alpha/2}(m-1, n-1)$ の場合，帰無仮説を棄却し，それ以外は採択する，

ⅱ）　$H_1 : \sigma_1^2 > \sigma_2^2$ では，$F > F_{\alpha}(m-1, n-1)$ の場合，帰無仮説を棄却し，それ以外は採択する，

ⅲ）　$H_1 : \sigma_1^2 < \sigma_2^2$ では，$F < F_{1-\alpha}(m-1, n-1)$ の場合，帰無仮説を棄却し，それ以外は採択する，

ことになります．なお，Excel では F（自由度1，自由度2）の $100 \cdot \alpha$ パーセント点は，=**FINV**（α, **自由度1, 自由度2**）として求めます．

11.3.3 国別データを使った二標本検定

データを低所得国（グループ1）と高所得国（グループ2）に分け，人口増加率について二標本検定を行ってみます．検定を行う際は，それぞれのグループの標本の大きさ，標本平均，標本分散，平均からの偏差の二乗和などから検定統計量や自由度を求めるのはかなり面倒ですが，Excel ではこれらを計算するルーチンが「データ分析」に組み込まれています．

まず，第5章で学習した手順に従って，低所得国と高所得国のデータを個別に

図 11.6 「フィルターオプション
の設定」に条件を入れ,
低所得国と高所得国の
データを抽出する.

	A	B	C	D	E
90	人口増加率	所得	人口増加率	所得	
91	0.71%	低	0.77%	高	
92	0.49%	低	-0.06%	高	
93	0.32%	低	0.18%	高	
94	0.84%	低	0.50%	高	
95	0.07%	低	0.25%	高	
96	-0.83%	低	0.15%	高	
97	2.14%	低	0.18%	高	

図 11.7 所得別に抽出されたデータ

抽出します. 検索条件を与えますので, A85 にフィールド名の「所得」を B1 から複写してください. A86 に低と入力してください. アクティブセルを人口増加率のリストの中へ移動してください. ［データ］タブから「並べ替えとフィルター」グループの［詳細設定］を選択します.「フィルターオプションの設定」のボックスが現れますので, ⅰ)「リスト範囲（L）」が正しく指定されているかを確認し, ⅱ)「検索条件範囲（C）」のボックスをクリックし, 条件範囲として A85 から A86 までを指定し, ⅲ)［抽出先］の［指定した範囲（O）］をクリックして選択し,「抽出範囲（T）」に A90 を指定してください.［OK］をクリックすると低所得国のデータが抽出されますので,「所得」がすべて「低」になっていることを確認してください. A86 の条件を高に変更し, 同様の手順で高所得国のデータを C90 から抽出してください（図 11.6, 11.7）. 以後, 低所得国をグループ 1, 高所得国をグループ 2 とします.

a. $\sigma_1^2 = \sigma_2^2 = \sigma^2$ の場合の母平均の検定

まず, $\sigma_1^2 = \sigma_2^2 = \sigma^2$ とした場合の母平均の検定を行ってみます. 一般に「所得が向上すると人口増加率が減少する傾向がある」とされていますので, 帰無仮説, 対立仮説はそれぞれ,

$$H_0 : \mu_1 = \mu_2, \qquad H_1 : \mu_1 > \mu_2$$

となります. 有意水準を 1% とします.

［データ］タブの「分析」グループから［データ分析］を選択します（図 11.8）.「データ分析」のボックスが現れますので,［t 検定：等分散を仮定した 2 標本による検定］を選択し,［OK］をクリックします.（なお,［t 検定：等分散

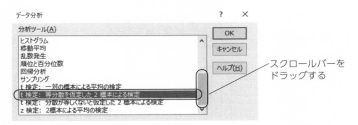

図 11.8 ［データ］タブの「分析」グループから［データ分析］を選択し，［t 検定：等分散を仮定した 2 標本による検定］を選ぶ.

図 11.9 データの入力範囲，有意水準 α，出力先を指定する.

を仮定した 2 標本による検定］は最初の画面には現れませんので，ボックスの右下の下向きの矢印をクリックしてください.）「t 検定：等分散を仮定した 2 標本による検定」のボックスが現れますので，マウスを使って「変数 1 の入力範囲(1)」に低所得国の人口増加率のデータ範囲（A91 から A142 まで）を，「変数 2 の入力範囲(2)」に高所得国の人口増加率のデータ範囲（C91 から C116 まで）を指定してください.有意水準は 1% ですので，［α(A)］の値を 0.05 から **0.01** に変更します.最後に「出力オプション」の［出力先(O)］をクリックし，出力先として F90 を指定します（図 11.9）.準備ができましたので［OK］をクリックすると，分析結果が F90 を先頭とする範囲に出力されます.（「変数 1 の入力範囲(1)」，「変数 2 の入力範囲(2)」にフィールド名を含めて指定することも可能ですが，この場合は必ず，［ラベル(L)］をクリックしてください.）

各グループでの標本平均，分散，観測数，プールされた分散，仮説平均との

差，自由度 $m+n-2$，検定統計量 t の値，$t(m+n-2)$ において計算された t の値（t が負の場合は $-t$）より大きくなる確率である片側の p 値（Excel では「P(T<=t) 片側」で表されます．以下，カッコ内は Excel での表示です），片側検定のパーセント点 $t_\alpha(m+n-2)$（「t境界値片側」），$t(m+n-2)$ において絶対値が計算された $|t|$ より大きくなる確率である両側の p 値（「P（T<=t）両側」），両側検定のパーセント点 $t_{\alpha/2}(m+n-2)$（「t境界値両側」）

	F	G	H
90	t-検定: 等分散を仮定した2標本による検定		
91			
92		変数 1	変数 2
93	平均	0.008259717	0.00180383
94	分散	9.51641E-05	1.81778E-05
95	観測数	52	26
96	プールされた分散	6.98397E-05	
97	仮説平均との差異	0	
98	自由度	76	
99	t	3.216221042	
100	P(T<=t) 片側	0.000954413	
101	t 境界値 片側	2.376420376	
102	P(T<=t) 両側	0.001908825	
103	t 境界値 両側	2.642078313	
104			

図 11.10 「等分散を仮定した 2 標本による検定」の出力結果

が計算されて出力されます（図 11.10）．なお，この場合，「仮説平均との差異」は必要ありませんので，無視してください．

$t=3.216>t_\alpha(m+n-2)=2.376$ ですので，帰無仮説は有意水準 1% で棄却されます．やはり，低所得国のほうが人口増加率が大きいことが認められます．

b. $\sigma_1^2 \neq \sigma_2^2$ の場合の母平均の検定

$\sigma_1^2 \neq \sigma_2^2$ として，母平均の検定を行ってみます．前と同様，帰無仮説，対立仮説はそれぞれ，

$$H_0 : \mu_1 = \mu_2, \qquad H_1 : \mu_1 > \mu_2$$

とし，有意水準は 1% とします．

［データ］タブの「分析」グループから［データ分析］を選択し，「データ分析」のボックスから［t検定：分散が等しくないと仮定した2標本による検定］を選択し，［OK］をクリックします（図 11.11）．「t検定：分散が等しくないと

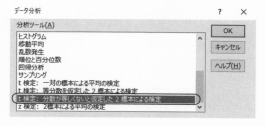

図 11.11 「データ分析」のボックスから，［t 検定：分散が等しくないと仮定した2標本による検定］を選ぶ．

	F	G	H
110	t-検定: 分散が等しくないと仮定した2標本による検定		
111			
112		変数1	変数2
113	平均	0.008259717	0.00180383
114	分散	9.51641E-05	1.81778E-05
115	観測数	52	26
116	仮説平均との差異	0	
117	自由度	75	
118	t	4.059403934	
119	P(T<=t) 片側	5.97973E-05	
120	t 境界値 片側	2.377101812	
121	P(T<=t) 両側	0.000119595	
122	t 境界値 両側	2.642983067	
123			

図 11.12　データ入力範囲，有意水準 α，出力先を指定する.

図 11.13　「分散が等しくないと仮定した2標本による検定」の出力結果

仮定した2標本による検定」のボックスが現れますので，前と同様，「変数1の入力範囲(1)」に低所得国の人口増加率のデータ範囲（A91からA142まで）を，「変数2の入力範囲(2)」に高所得国の人口増加率のデータ範囲（C91からC116まで）を指定してください.「α(A)」の値を 0.05 から **0.01** に変更します.「出力オプション」の［出力先(O)］をクリックし，出力先としてF110を指定します（図 11.12）.準備ができましたので［OK］をクリックすると，分析結果がF110を先頭とする範囲に出力されます（図 11.13）.

　各グループでの標本平均，分散，観測数，仮説平均との差，公式によって計算された自由度 ν^*，検定統計量 t の値，片側の p 値，片側検定のパーセント点 t_α(ν^*)，両側の p 値，両側検定のパーセント点 $t_{\alpha/2}(\nu^*)$ が計算されて出力されます.これらの Excel での表示は，「等分散を仮定した2標本による検定」と同じです.$t=4.059>t_\alpha(\nu^*)=2.377$ ですので，等分散を仮定した場合と同様に帰無仮説は棄却されることになります.

c.　母分散の比の検定

　母分散に関する検定を行ってみます.この場合は特にどちらのグループの分散が大きいといった事前の情報や予測はありませんので，帰無仮説，対立仮説はそれぞれ，

$$H_0 : \sigma_1^2 = \sigma_2^2, \qquad H_1 : \sigma_1^2 \neq \sigma_2^2$$

で両側検定となります.有意水準は 5% とします.

　［データ］タブの「分析」グループから［データ分析］を選択し，「データ分析」のボックスから［F検定：2標本を使った分散の検定］を選択して，［OK］

をクリックします（図 11.14）.「F 検定：2 標本を使った分散の検定」のボックスが現れますので,「変数 1 の入力範囲(1)」に低所得国の人口増加率のデータ範囲（A91 から A142 まで）を,「変数 2 の入力範囲(2)」に高所得国の人口増加率のデータ範囲（C91 から C116 まで）を指定してください.「α(A)」の値が 5%,すなわち 0.05 になっていることを確認してください.出力先として F129 を指定します（図 11.15）.準備ができましたので［OK］をクリックすると,分析結果が F129 を先頭とする範囲に出力されます（図 11.16）.

　各グループでの標本平均,分散,観測数,自由度（$m-1, n-1$）,2 つの分散の比である検定統計量 F の値（「観測された分散比」）,「P（F<=f）片側」,「F 境界値片側」が出力されます.しかしながら,両側検定に必要なパーセント点は出力されず,これを使っては両側検定を行うことはできませんので,$F_{1-\alpha/2}(m-1, n-1)$,$F_{\alpha/2}(m-1, n-1)$ を **FINV** を使って計算します.F141, F142 に下側パーセント点,上側パーセント点と入力し,G141, G142 に **=FINV(97.5%,**

図 11.14 「データ分析」のボックスから［F 検定：2 標本を使った分散の検定］を選択する.

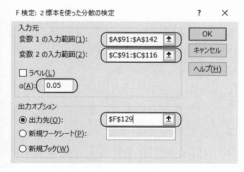

	F	G	H
129	F-検定：2 標本を使った分散の検定		
130			
131		変数 1	変数 2
132	平均	0.008259717	0.00180383
133	分散	9.51641E-05	1.81778E-05
134	観測数	52	26
135	自由度	51	25
136	観測された分散比	5.235195244	
137	P(F<=f) 片側	1.58438E-05	
138	F 境界値 片側	1.839738458	
139			
140			
141	下側パーセント点	0.52283	
142	上側パーセント点	2.07556	

図 11.15 入力範囲と出力先を指定する.有意水準 α は 5% であることを確認する.

図 11.16 「2 標本を使った分散の検定」の出力結果

51, 25), **＝FINV(2.5％, 51, 25)** と入力してください. $F=5.235>F_{\alpha/2}(m-1,$ $n-1)=2.0756$ ですので, 帰無仮説は有意水準 5％ で棄却されることになります.

　すでに学習したように, 母分散が等しいかどうかによって母平均の検定方法が異なります. ここでは演習のため, 母分散が等しい場合と等しくない場合の両方について検定を行いましたが, 実際のデータ分析では, まず, 有意水準を 5％ 程度として母分散の比の検定を行い, その結果によって母平均の検定方法を選ぶようにしてください.

11.4　国別人口データを使った演習

1. 高所得国の人口増加率の母平均, 母分散の信頼係数 95％ の信頼区間を推定してください.

2. 低所得国の人口増加率の母平均, 母分散の信頼係数 99％ の信頼区間を推定してください.

3. 「高所得国の人口増加率の母平均が 0.5％/年である」という帰無仮説を, 対立仮説を「0.5％/年と等しくない」として有意水準 5％ で検定してください.

4. 「低所得国の人口増加率の母平均が 1％/年である」という帰無仮説を, 対立仮説を「0.5％/年より大きい」として, 有意水準 1％ で検定してください.

5. 「高所得国の人口増加率の母分散が $(1\%)^2$ と等しい」という帰無仮説を, 対立仮説を「$(1\%)^2$ と等しくない」として, 有意水準 5％ で検定してください.

6. 「低所得国の人口増加率の母分散が $(0.5\%)^2$ と等しい」という帰無仮説を, 対立仮説を「$(0.5\%)^2$ より大きい」として, 有意水準 1％ で検定してください.

7. 人口密度によって, 高人口密度国（人口密度 100 人/km² 以上）, 低人口密度国（人口密度 100 人/km² 未満）に分けます. 「2 つのグループの人口増加率の母平均が等しい」という帰無仮説を, 対立仮説を「低人口密度国のほうが人口増加率が大きい」として, ⅰ）母分散が等しい場合, ⅱ）母分散が等しくない場合について, 有意水準 5％ で検定してください.

8. 7 の「2 つのグループの母分散が等しい」という帰無仮説を, 対立仮説を「母分散が等しくない」として, 有意水準 5％ で検定してください.

12. 二次元データにおける2変数間の関係の検定

第8章では，観測する対象iについて2つの変数の観測値が同時に得られる二次元のデータの整理について学習しました．このようなデータでは，2つの変数間の関係がどうなっているかを分析することが重要となります．本章では，標本$(X_1, Y_1), (X_2, Y_2), \cdots, (X_n, Y_n)$から，2つの変数間に関係があるかどうかを検定する方法である，適合度のカイ二乗検定（χ^2検定）による独立性の検定，一元配置分散分析，相関係数を使った検定について学習します．

12.1 適合度のカイ二乗検定による独立性の検定

仮定された理論上の期待度数と実際に観測された度数を比較して，両者が適合するかどうかを検定するのが，適合度のχ^2検定（χ^2-test of goodness of fit）です．分割表の結果を使い，2つの変数が独立であるかどうかをこの方法によって検定することができます．ここでは，まず，一般的な適合度のχ^2検定について説明し，次いで分割表を使った独立性の検定について述べます．

12.1.1 適合度の検定

ある属性によってn個の観測結果がk個のカテゴリー$A_1, A_2, \cdots, A_k$に分類され，各カテゴリーごとの観測度数（observed frequency）が$f_1, f_2, \cdots, f_k$であるとします．各カテゴリーの理論上の確率が$p_1, p_2, \cdots, p_k$であるとすると，期待度数（expected frequency）$e_1, e_2, \cdots, e_k$は，$e_i = n \cdot p_i, i = 1, 2, \cdots, k$となります．理論が正しいとすると，観測度数と期待度数はあまり大きな差がないはずです．

今，

(12.1)
$$\chi^2 = \sum (f_i - e_i)^2 / e_i$$

としますと，理論が正しい場合にχ^2は漸近的にχ^2分布に従うことが知られています．χ^2分布の自由度νは，「理論が正しくない場合に推定する必要のあるパラメータの数」と「理論が正しい場合に推定する必要のあるパラメータの数」の差となります．「理論が正しい」という帰無仮説（対立仮説：「理論が正しくない」）

を棄却するのは, $\chi^2 > \chi^2_\alpha(\nu)$ となった場合で, それ以外は帰無仮説を採択します. (χ^2 の値が小さい場合は, 理論と観測結果がよく一致していることを示すので, 棄却域は右側だけになります.)

表12.1 はサイコロを 60 回投げた場合の観測度数, (サイコロが正しくつくられており, 各々の目の出る確率が 1/6 とした場合の) 期待度数および両度数の差です.

表 12.1 サイコロを 60 回投げた場合の視測度数と期待度数 (表 11.1 参照)

サイコロの目	1	2	3	4	5	6
視 測 度 数	11	16	11	7	8	7
期 待 度 数	10	10	10	10	10	10
両 度 数 の 差	1	6	1	−3	−2	−3

これから χ^2 の値を計算すると,

$$\chi^2 = (1)^2/10 + (6)^2/10 + (1)^2/10 + (-3)^2/10 + (-2)^2/10 + (-3)^2/10 = 6.0$$

となります. サイコロが正しくつくられていれば, すべての目の出る確率は等しく 1/6 ずつと決まっていますので, 推定すべきパラメータの数は 0 です. サイコロが正しくつくられていない場合は, 各目ごとに確率を推定する必要がありますが, 6 つの確率は合計すると 1 ですので, 結局, 5 つのパラメータを推定することになります. したがって, 自由度は $\nu = 5$ となり, 有意水準 $\alpha = 5\%$ とすると, $\chi^2 = 6.0 < \chi^2(5) = 11.071$ ですので, サイコロが正しくつくられているという帰無仮説は採択されます.

12.1.2 分割表を使った独立性の検定

第 8 章では, 二次元のデータから分割表を作成しましたが, 分割表を使って 2 つの変数 X と Y の独立性の適合度の検定を行うことができます. X のとりうる値が $A_1, A_2, \cdots, A_s$ の s 個の, Y のとりうる値が $B_1, B_2, \cdots, B_t$ の t 個のカテゴリーに, それぞれ分割されているとします. (X, Y が量的データの場合はとりうる値を適当な階級に分割します.) (A_i, B_j) の度数を f_{ij}, $f_{i\cdot} = \sum_{j=1}^{t} f_{ij}$, $f_{\cdot j} = \sum_{i=1}^{s} f_{ij}$ とします. $f_{i\cdot}$, $f_{\cdot j}$ は周辺度数 (marginal frequency) で, それぞれ $X = A_i$, $Y = B_j$ となる度数を表しています. ここで, $p_{ij} = P(X = A_i, Y = B_j)$, $p_{i\cdot} = P(X = A_i) = \sum_{j=1}^{t} p_{ij}$, $p_{\cdot j} = P(Y = B_j) = \sum_{i=1}^{s} p_{ij}$ とします. p_{ij} は同時確率 (joint probability), $p_{i\cdot}$ および $p_{\cdot j}$ は周辺確率 (marginal probability) と呼ばれます.

X と Y が独立で一方の結果が他方の生起確率に影響しないとすると, 帰無仮説

は,

$$H_0 : \text{すべての } i, j \text{ に対して } p_{ij} = p_{i\cdot} \cdot p_{\cdot j}$$

となります.（対立仮説は「XとYが独立でなく何らかの関係がある」です.）
$p_{i\cdot}, p_{\cdot j}$ は,

$$(12.2) \qquad \hat{p}_{i\cdot} = f_{i\cdot}/n, \qquad \hat{p}_{\cdot j} = f_{\cdot j}/n$$

で推定します．^は推定量であることを表します．帰無仮説が正しい，すなわち，
XとYが独立な場合の期待度数は,

$$(12.3) \qquad e_{ij} = n\hat{p}_{i\cdot}\hat{p}_{\cdot j} = f_{i\cdot}f_{\cdot j}/n$$

となりますから，適合度の検定の原理を用いて,

$$(12.4) \qquad \chi^2 = \sum_{i=1}^{s} \sum_{j=1}^{t} (f_{ij} - e_{ij})^2 / e_{ij}$$

が得られます．独立の場合，推定すべきパラメータは，周辺確率 $p_{1\cdot}, p_{2\cdot}, \cdots, p_{s\cdot}$
および $p_{\cdot 1}, p_{\cdot 2}, \cdots, p_{\cdot t}$ ですが，周辺確率は各々合計が1ですので，$s+t-2$ 個のパ
ラメータを求める必要があることになります．また，独立でない場合は，すべて
の p_{ij} を求める必要がありますが，同時確率の合計も1ですので，$s \cdot t - 1$ 個の未
知のパラメータがあることになります．したがって，χ^2 分布の自由度は $\nu = (s \cdot t - 1) - (s+t-2) = (s-1) \cdot (t-1)$ となります.

検定は，$\chi^2 > \chi^2_\alpha \{(s-1) \cdot (t-1)\}$ の場合，独立であるという帰無仮説を棄却
し，それ以外は採択します.

12.1.3 国別人口データを使った独立性の検定

第8章で作成した分割表を使って，所得と人口増加の2つの変数の独立性の検
定を行ってみます．pop2 を呼び出し，Sheet 6 を挿入し，Sheet 4 に作成した所
得と人口増加の分割表を表題を含め Sheet 6 の A1 へ（[値の貼り付け(V)]を
使って）複写してください．まず，2変数が独立の場合の期待度数の表を作成し
ます．A11 に**表2 独立の場合の期待度数**，C12 に人口増加，A13 に所得，A14
に高，A15 に低，B13 に高，C13 に中，D13 に低と入力してください．期待度数
を計算しますが，B14 に**＝＄E4＊B＄6/＄E＄6** と入力して2行×3列の表全体に複
写してください（図 12.1）．（絶対セル番地と相対セル番地をうまく組み合わせ
ましたので，式を複数回入力する必要はありません.)

期待度数の計算が終了しましたので，次に相対誤差 $(f_{ij} - e_{ij})^2/e_{ij}$ を求めます．
A20 に**表3 相対誤差**と入力し，その下に表2と同一の形式の表になるように，
変数名，とりうるカテゴリー名を入力してください．B23 に**＝(B4－B14)^2/**

	A	B	C	D	E
1	表1　所得と人口増加の分割表				
2	合計 / 度数		列ラベル		
3	行ラベル	高	中	低	総計
4	高	1	4	21	26
5	低	20	9	23	52
6	総計	21	13	44	78
7					
8					
9					
10					
11	表2　独立の場合の期待度数				
12			人口増加		
13	所得	高	中	低	
14	高		7.000	4.333	14.667
15	低		14.000	8.667	29.333
16					

図 12.1　所得と人口増加の分割表と独立の場合の期待度数

	A	B	C	D
20	表3　相対誤差			
21			人口増加	
22	所得	高	中	低
23	高	5.143	0.026	2.735
24	低	2.571	0.013	1.367
25				
26				
27	検定統計量chi2	11.855		
28	自由度	2		
29	有意水準	5%		
30	パーセント点	5.9915		
31	chi2>パーセント点			
32	帰無仮説は棄却される			
33				

図 12.2　独立性の検定結果

B14 と入力し，2 行×3 列の表全体に複写します．A27 から下側に順に**検定統計量 chi2，自由度，有意水準，パーセント点**と入力してください．B27 に相対誤差の合計を＝**SUM(B23：D24)** で計算し，B28，B29 に自由度の **2** と有意水準の **5%** を入力し，B30 に $\chi^2_\alpha\{(s-1)\cdot(t-1)\}$　を＝ **CHIINV(B29,B28)** で求めてください．$\chi^2=11.855>\chi^2_\alpha\{(s-1)\cdot(t-1)\}$ ＝5.991 ですので，帰無仮説は棄却され，2 変数間には何らかの関係が認められることになります（図 12.2）．

（なお，Excel には，適合度の検定を行う関数として，**CHITEST(観測度数の範囲，期待度数の範囲)** という関数が用意されています．この関数は，χ^2 分布において計算された χ^2 の値より大きい確率，すなわち，片側の p 値を与えます．したがって，関数の値が有意水準 α より小さい場合，帰無仮説を棄却し，それ以外は採択することになります．しかしながら，χ^2 分布の自由度は任意に与えることはできず，i）データが1 行または1 列の場合は $k-1$（k はとりうるカテゴリーの数），ii）データが s 行 t 列 $(s, t \geqq 2)$ の場合は $(s-1)\cdot(t-1)$ となります．したがって，理論確率がすべて与えられている場合や独立性の検定には利用

することが可能ですが，この関数を使うことができない場合もありますので注意してください.)

12.2 一元配置分散分析

s 個の正規母集団があり，それぞれ，$N(\mu_1, \sigma^2)$, $N(\mu_2, \sigma^2)$, $\cdots$, $N(\mu_s, \sigma^2)$ に従っているとします．前章では，2つの正規母集団の比較について学習しましたが，3つ以上の母集団の平均には分散分析（analysis of variance, ANOVA）が使われます．母集団の平均が異なる原因として，母集団の特性を表す要因 A があり，それが母集団ごとに $A_1, A_2, \cdots, A_s$ の s 個の異なったカテゴリーに分かれている場合があります．例えば，ある一定の条件を設定して，実験や観察を行う場合などです．結果に影響を与えると考えられる要因は因子（factor），因子のカテゴリーは水準（level）と呼ばれます．因子の数が1つの場合を一元配置（one-way layout），複数の場合を多元配置と呼びます．ここでは，一元配置分散分析について学習します．

なお，分散分析は実験データの解析や実験計画などの分野で広く使われている重要な手法ですが，詳細については，拙著『Excel統計解析ボックスによるデータ解析』（縄田，2001）第5章を参照してください．

12.2.1 一元配置のモデル

今，因子 A の水準を $A_1, A_2, \cdots, A_s$ とし，各水準で $n_1, n_2, \cdots, n_s$ 個の観測値があったとします．水準 i における j 番目の結果を Y_{ij} とします．水準によって平均だけが異なり，分散は一定であるとし，Y_{ij} は $N(\mu_i, \sigma^2)$ に従うとします．（正確には μ_i は Y_{ij} の期待値，または水準 i における母平均ですが，ここでは煩雑さを避けるため一般の表記方法に従い，ただ単に平均と呼ぶことにします.）観測値の総数を $n = \sum_{i=1}^{s} n_i$ とし，観測値の数で重みを付けた加重平均を，

$$(12.5) \qquad \mu = \sum_{i=1}^{s} n_i \mu_i / n$$

とします．μ は一般平均（grand mean）と呼ばれますが，

$$(12.6) \qquad \delta_i = \mu_i - \mu$$

は，水準 A_i の効果（effect）となります．$\sum n_i \delta_i = 0$ となることに注意してください.

12.2.2 分 散 分 析

次に，一元配置のモデルを分散分析によって検定してみます．帰無仮説は「すべての水準で平均が等しく水準による効果が 0 である」で，

$$H_0 : \mu_1 = \mu_2 = \cdots = \mu_s = \mu \quad \text{または} \quad H_0 : \delta_1 = \delta_2 = \cdots = \delta_s = 0$$

です．（対立仮説は「平均が一般平均と等しくなく効果が 0 でない水準が存在する」です．）

今，μ をすべての観測値を使った標本平均

$$(12.7) \qquad \bar{Y}.. = \sum_{i=1}^{s} \sum_{j=1}^{n_i} Y_{ij}/n$$

で，μ_i を各水準ごとの標本平均

$$(12.8) \qquad \bar{Y}_i. = \sum_{j=1}^{n_i} Y_{ij}/n_i$$

で推定します．$\bar{Y}..$，$\bar{Y}_i.$ からの偏差の二乗和を，

$$(12.9) \qquad \begin{aligned} S_t &= \sum_{i=1}^{s} \sum_{j=1}^{n_i} (Y_{ij} - \bar{Y}..)^2 \\ S_e &= \sum_{i=1}^{s} \sum_{j=1}^{n_i} (Y_{ij} - \bar{Y}_i.)^2 \end{aligned}$$

とします．S_t, S_e は，総変動，級内変動と呼ばれ，S_e/σ^2 は自由度 $\nu_e = n - s$ の χ^2 分布に従います．

ここで，

$$(12.10) \qquad S_a = S_t - S_e = \sum_{i=1}^{s} n_i (\bar{Y}_i. - \bar{Y}..)^2$$

は，級間変動と呼ばれます．帰無仮説が正しければ，すべての i に対して $\bar{Y}_i. \approx \bar{Y}..$ となるはずですので，S_a はあまり大きな値とはならないはずです．詳細は省略しますが，この場合，S_a/σ^2 は S_e と独立で自由度 $\nu_a = s - 1$ の χ^2 分布に従います．

したがって，帰無仮説のもとでは，

$$(12.11) \qquad F = \frac{S_a/\nu_a}{S_e/\nu_e}$$

は，自由度 (ν_a, ν_e) の F 分布，$F(\nu_a, \nu_e)$ に従うことになります．この関係を用いて，F と有意水準 α の F 分布のパーセント点 $F_\alpha(\nu_a, \nu_e)$ を比較して，$F > F_\alpha(\nu_a, \nu_e)$ の場合，帰無仮説を棄却し，それ以外は採択する F 検定を行うことがで

きます．この検定は分散分析検定と呼ばれています．

$s = 2$ の場合，前章の二標本検定で計算した（分散が等しいと仮定した）t は，$t^2 = F$ となり，分散分析検定の結果は両側検定の結果と一致します．分散分析検定では片側検定を行うことができませんので，二標本検定の場合は，分散分析検定でなく前章で説明した t 検定を使うようにしてください．

12.2.3　国別人口データを使った一元配置分散分析

　一元配置分散分析によって，地域の違いが人口増加率に影響を与えているかどうかを検定してみます．Excel には，一元配置分散分析を行うルーチンが「データ分析」に用意されていますので，それを使ってアフリカ，アジア，ヨーロッパの 3 地域について分析を行ってみます．

　まず，地域ごとに人口増加率のデータを抽出して並べる必要がありますので，Sheet1 から，「地域」と「人口増加率」のデータを，Sheet 6 の H1 を先頭とする範囲へ複写してください．（繰り返しになりますが，「人口増加率」は式で計算してありますので，値複写の機能を使ってください．）次に，検索条件を与えますので，K1 に「地域」，K2 に「アフリカ」を複写してください．一元配置分散分析を行うには，データが連続した列にある必要がありますので，「人口増加率」のデータだけを抽出します．M1 に「人口増加率」を複写してください．アクティブセルをリストの内部へ移動させ，[データ] タブ→「並べ替えとフィルタ」グループの [詳細設定] を選択します．「リスト範囲(L)」が正しいことを確認し，[検索条件範囲(C)] に K1 から K2 までを指定します．抽出先を [指定した範囲(O)] に変更し，[抽出範囲(T)] に M1 を指定してください．[OK] をクリックすると，アフリカの人口増加率が抽出されます．このままではどこのデータかわからなくなりますので，M1 を**アフリカ**と書き換えてください．K2 の検索条件を変更して，同様の手順によってアジアの人口増加率を N1 から，ヨーロッパの人口増加率を O1 からの範囲に抽出してください（図 12.3）．

　有意水準を 5% として，分散分析を行いますので，[データ] タブ→「分析」グループの [データ分析] を選択し，ボックスから [分散分析：一元配置] を選びます（図 12.4）．「分散分析：一元配置」のボックスが現れますので，「入力範囲(W)」に M2 から O23 までを指定します．「α(A)」の値が 0.05 であることを確認し，「出力オプション」の「出力先(O)」をクリックして，出力先として M30 を指定します（図 12.5）．準備が完了しましたので，[OK] をクリックすると，分散分析の結果が M30 を先頭とする範囲に出力されます．（なお，「入力範囲

▲	M	N	O
1	アフリカ	アジア	ヨーロッパ
2	0.71%	0.32%	-0.06%
3	2.14%	-0.33%	0.18%
4	1.95%	0.37%	-0.83%
5	2.31%	0.35%	0.25%
6	2.06%	0.08%	0.15%
7	1.11%	1.07%	0.18%
8	1.43%	-0.54%	-0.19%

図 12.3　データを地域ごとに抽出する.

図 12.4　「データ分析」のボックスから［分散分析：一元配置］を選ぶ.

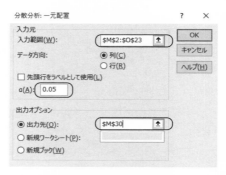

図 12.5　データの入力範囲と出力先を指定する. 有意水準 α は 5% であることを確認する.

(W)」にフィールド名を含めて M1 から O23 と指定することも可能ですが，この場合は，必ず［先頭行をラベルとして使用(L)］をクリックしてください. クリックしない場合はエラーとなります. また，データは，行または列の長い方向にとられますので，水準の数 s が水準内のデータ数の最大値より大きい場合は，データの方向を変更してください.）

　分析結果として，各グループの概要，分散分析表が出力されます（図 12.6）. 分散分析表の結果から，級間変動（「グループ間変動」，以下，カッコ内は Excel での表示）$S_a = 0.003953$，級内変動（「グループ内変動」）$S_e = 0.001955$，自由度 $\nu_a = 2$，$\nu_e = 61$，検定統計量（「観測された分散比」）$F = 61.686$，F 分布のパーセント点（「F 境界値」）$F_\alpha(\nu_a, \nu_e) = 3.148$ となります. この結果，$F > F_\alpha(\nu_a, \nu_e)$ となり，帰無仮説は棄却され，地域は人口増加率に影響していることが認められます.

　なお，p 値（「P-値」）は，(ν_a, ν_e) の F 分布において観測された F の値より大

	M	N	O	P	Q	R	S
30	分散分析:一元配置						
31							
32	概要						
33	グループ	データの個数	合計	平均	分散		
34	列 1	21	0.362756777	0.017274	5.49589E-05		
35	列 2	21	0.067718834	0.003225	2.38104E-05		
36	列 3	22	-0.025596935	-0.00116	1.8056E-05		
37							
38							
39	分散分析表						
40	変動要因	変動	自由度	分散	観測された分散比	P-値	F 境界値
41	グループ間	0.00395311	2	0.001977	61.68633795	2.23E-15	3.147791
42	グループ内	0.00195456	61	3.2E-05			
43							
44	合計	0.00590767	63				
45							

図 12.6 「分散分析:一元配置」の出力結果

きくなる確率ですので,p 値と α とを比較し,p 値 $<\alpha$ なら帰無仮説を棄却し,それ以外は採択することによって検定を行うことも可能です.

12.3 相関係数を使った検定

12.3.1 標本相関係数の分布と母相関係数に関する検定

二次元のデータにおいて,同時に観測される 2 変数 (X, Y) がともに量的データである場合,相関係数を求めることができます.X と Y の母集団の分布が,母平均 μ_x,μ_y,母分散 σ_x^2,σ_y^2,母共分散 σ_{xy} で二変量正規分布であるとします.(母共分散は $\sigma_{xy} = E(X-\mu_x)(Y-\mu_y)$ です.多次元の確率分布の詳細については,前掲の拙著などを参照してください.)母相関係数は,

(12.12) $$\rho = \sigma_{xy}/(\sigma_x, \sigma_y)$$

となります.第 8 章での説明と同じく,ρ は,$-1 \leq \rho \leq 1$ で X と Y との直線的な関係を表し,

　i) 　$\rho = \pm 1$ の場合は X と Y に厳密な直線関係 $Y = a+bX$ が成り立ち,$\rho = 1$ の場合は $b > 0$,$\rho = -1$ では $b < 0$ となる,

　ii) 　$\rho > 0$ の場合は X が増加すると Y も増加する傾向があり,$\rho < 0$ の場合は X が増加すると Y が減少する傾向がある.この関係は,$|\rho|$ が 1 に近づくほど強くなる,

　iii) 　$\rho = 0$ の場合は X と Y の間には直線的な関係は認められず,無相関(uncorrelated)である,

ことになります.

なお，一般には，独立の場合と異なり，無相関であることは 2 変数間に全く関係がないということを意味しません．無相関であるということは，2 変数間に関係がないということを表す表現の 1 つにすぎません．例えば，X の分布が標準正規分布 $N(0,1)$ で $Y=X^2$ の場合，X, Y には非常に強い関係がありますが，$\rho = 0$ となります．X, Y が独立の場合は，無相関ですが，無相関であっても独立とは限りません．しかしながら，本節のように X, Y が二変量正規分布である場合は，無相関の場合は独立となります．

標本として，$(X_1, Y_1), (X_2, Y_2), \cdots, (X_n, Y_n)$ が得られた場合，標本共分散 s_{xy} および標本相関係数 r は，

$$s_{xy} = \sum (X_i - \overline{X})(Y_i - \overline{Y})/(n-1),$$

(12.13)
$$r = s_{xy}/(s_x \cdot s_y)$$
$$= \sum (X_i - \overline{X})(Y_i - \overline{Y})/\{\sqrt{\sum (X_i - \overline{X})^2}\sqrt{\sum (Y_i - \overline{Y})^2}\}$$

です．s_x, s_y は X, Y の標本標準偏差です．

今，帰無仮説を，

$$H_0 : \rho = \rho_0$$

とします．検定は $\rho_0 = 0$ かどうかによって異なる方法を用います．$\rho_0 = 0$，すなわち，$H_0 : \rho = 0$ であるかどうかの検定の場合，帰無仮説のもとで，

(12.14)
$$t = \frac{r\sqrt{n-2}}{\sqrt{1-r^2}}$$

は自由度 $n-2$ の t 分布 $t(n-2)$ に従うことが知られています．この関係を使って，検定を行います．検定は t の値を計算し，$t(n-2)$ の有意水準 α に対応するパーセント点 $t_\alpha(n-2)$，$t_{\alpha/2}(n-2)$ と比較し，

 i) 対立仮説が $H_1 : \rho \neq 0$ のときは，$|t| > t_{\alpha/2}(n-2)$ の場合は H_0 を棄却し，それ以外は採択する両側検定を行う，

 ii) 対立仮説が $H_1 : \rho > 0$ のときは，$t > t_\alpha(n-2)$ の場合は H_0 を棄却し，それ以外は採択する右片側検定を行う，

 iii) 対立仮説が $H_1 : \rho < 0$ のときは，$t < -t_\alpha(n-2)$ の場合は H_0 を棄却し，それ以外は採択する左片側検定を行う，

ことになります．

$\rho \neq 0$ の場合，標本相関係数 r の分布を直接求め，相関係数に関する検定を行うことは非常に難しいので，一般にはフィッシャーの z 変換（Fisher's z-transformation）という近似法を用います．

$$(12.15) \quad z = \frac{1}{2}\log_e\{(1+r)/(1-r)\}, \qquad \eta = \frac{1}{2}\log_e\{(1+\rho)/(1-\rho)\}$$

としますと，$Z = \sqrt{(n-3)}(z-\eta)$ は近似的に標準正規分布 $N(0,\ 1)$ に従うことが知られています．$n-3$ を使うのは近似をよくするためです．この関係を使って，検定を行います．すなわち，ρ に ρ_0 を代入し，Z の値を計算し，標準正規分布の有意水準 α に対応するパーセント点 Z_α，$Z_{\alpha/2}$ と比較して検定を行います．

12.3.2 国別人口データを使った母相関係数に関する検定

ここでは，人口増加率と1人あたり GDP の対数値の2変数間の関係について検定を行います．人口増加率は所得が向上するほど減少する傾向があるとされていますので，帰無仮説，対立仮説はそれぞれ，

$$H_0: \rho = 0, \qquad H_1: \rho < 0$$

で，有意水準は 1% とします．$H_0: \rho = 0$ ですので，(12.14) 式を使います．

Sheet 6 の R1，R2 に**人口増加率と対数一人当たり GDP，標本相関係数 r** と入力してください．標本相関係数 r はすでに第8章で計算してありますので，Sheet 4 から S2 に複写してください．（式で計算してありますので，値複写する必要があります．なお，第8章では，標準偏差，共分散を n で割って計算しましたが，相関係数を計算する場合は分子分母を同じもので割りますので，$n-1$ で割った標本標準偏差，標本相関係数から計算しても同一の値となります．）

R3 から下側に，**標本の大きさ (n)，有意水準，自由度 (n-2)，検定統計量 t，パーセント点**と入力してください．S3 に標本の大きさの **78**，S4 に有意水準の **1%** を入力してください．S5 に**＝S3-2** と入力して，自由度 $n-2$ を求めます．S6 に**＝SQRT(S5)＊S2/SQRT(1-S2^2)** と入力して，検定統計量 t を求めます．S7 に $t(n-2)$ のパーセント点 $t_\alpha(n-2)$ を**＝TINV(2＊S4,S5)** と入力して求めます．

$t = -7.9553 < -t_\alpha(n-2) = -2.376$ ですので，帰無仮説は有意水準 1% で棄却され，（対数）1人あたり GDP と人口増加率には負の相関関係が認められることになります（図 12.7）．

	R	S
1	人口増加率と対数一人当たりGDP	
2	標本相関係数 r	-0.6741
3	標本の大きさ(n)	78
4	有意水準	1%
5	自由度(n-2)	76
6	検定統計量t	-7.9553
7	パーセント点	2.3764
8	t<-パーセント点	
9	帰無仮説を棄却	
10		

図 12.7 相関係数を使った検定結果

12.4 国別人口データを使った演習

1. 第 8 章の演習問題で作成した人口密度と人口増加率の分割表を使って，適合度による χ^2 検定によって，2 変数の独立性の検定を，有意水準 5% で行ってください．

2. 地域をアフリカ，アジア，ヨーロッパ，その他（北米・ラ米・オセアニア）の 4 地域として，地域が人口増加率に影響しているかどうかを，一元配置分散分析によって，1% の有意水準で検定してください．

3. 対数人口密度と人口増加率の標本相関係数から，母相関係数に関する検定（$H_0 : \rho = 0$，$H_1 : \rho \neq 0$）を有意水準 5% で行ってください．演習のため，（12.14）式のみでなく，（12.15）式のフィッシャーの z 変換を使った検定も行ってください．なお，標準正規分布のパーセント点は，**NORMSINV** 関数を使って求めますが，t, χ^2, F 分布と異なり，**NORMSINV(p)** はその値までの下側確率が p となる点を計算しますので，Z_α は **NORMSINV$(1-\alpha)$** で求める必要があります．

13. 回 帰 分 析

　回帰分析（regression analysis）は，2 変数 X, Y の二次元データがあるとき，Y を X で定量的に説明する回帰方程式（regression equation）と呼ばれる式を求めることを目的としています．説明される変数 Y は従属変数，被説明変数，内生変数などと，説明する変数 X は独立変数，説明変数，外生変数などと呼ばれています．回帰分析はあらゆる分野で広く使われており，統計分析に不可欠な非常に重要な手法です．回帰分析は，X で Y を説明し，その定量的な関係のモデルを求めることですので，2 変数間に関係があるかどうかだけを検定する，前章で学習した分析手法とは本質的に異なります．なお，回帰分析の理論的な説明は最小限にとどめましたので，詳細は拙著『Excel による回帰分析入門』（縄田，1998）などを参照してください．

13.1 回 帰 モ デ ル

　発展途上国を中心とする人口の急増は，人類にとって非常に大きな問題となっています．第 8 章と第 12 章で学習したように，所得水準（1 人あたり GDP）と人口増加率には関係があり，所得水準が高いほど人口増加率が低下する傾向がありそうです．ここでは，所得水準の向上によって人口増加がどの程度抑制されるかを分析してみます．1 人あたり GDP の対数値を X，人口増加率を Y としますと（図 8.4 を参照してください），

　ⅰ）　X が増加するに従って，Y は減少する傾向がある，

　ⅱ）　X が同じような値であっても，ばらつきがある，

ということがわかりますので，Y は X によって系統的に変化する部分と，それ以外のばらつきの部分に分けて分析することが考えられます．X によって系統的に変化する部分を y として，x の関数で，

　(13.1)
$$y = \beta_1 + \beta_2 x$$

とします．これは，回帰方程式や回帰関数（regression function）と呼ばれます．

ここでは，y が x の線形関数である線形回帰（linear regression）のみを考えます．なお，回帰関数が非線形であっても，対数をとるなどの関数変換によって線形モデルに変更可能な場合や，テイラー展開などによって近似可能な場合も多く，線形モデルは応用範囲が非常に広いものとなっています．

ここで，i 番目の観測値を (X_i, Y_i)，ばらつきの部分を u_i とすると，

$$(13.2) \qquad Y_i = \beta_1 + \beta_2 X_i + u_i, \qquad i = 1, 2, \cdots, n$$

となります．このモデルは，母集団において成り立つ関係ですので，母回帰方程式（population regression equation）と，β_1, β_2 は母（偏）回帰係数（population (partial) regression coefficient）と呼ばれます．u_i は誤差項（error term）と呼ばれます．X_i, u_i は次の標準的な仮定を満たすものとします．

i) X_i は確率変数でなく，すでに確定した値をとる．

ii) u_i は確率変数で，次の条件を満たす．

   a) 期待値が 0．すなわち，$E(u_i) = 0$, $i = 1, 2, \cdots, n$.

   b) 分散が一定で σ^2．すなわち，$V(u_i) = E(u_i^2) = \sigma^2$, $i = 1, 2, \cdots, n$.

   c) 異なった誤差項は無相関．すなわち，$i \neq j$ であれば，$Cov(u_i, u_j) = E(u_i u_j) = 0$.

この条件のもとでは，Y_i の期待値は，

$$(13.3) \qquad E(Y_i) = \beta_1 + \beta_2 X_i$$

となります．

13.2 最小二乗法による推定

13.2.1 回帰係数の推定

β_1, β_2 は未知ですから，標本 (X_1, Y_1)，(X_2, Y_2)，$\cdots$，(X_n, Y_n) から推定する必要があります．今，Y_i のうち X_i で説明できない部分は，

$$u_i = Y_i - (\beta_1 + \beta_2 X_i)$$

ですが，符号の影響を取り除くため 2 乗し，その総和

$$S = \sum u_i^2 = \sum \{Y_i - (\beta_1 + \beta_2 X_i)\}^2$$

を考えます．S は説明できない部分の大きさを表していますので，できるだけ小さいほうが望ましいと考えられます．S を最小にして β_1, β_2 の推定量 $\hat{\beta}_1, \hat{\beta}_2$ を求める方法を最小二乗法（least squares method），$\hat{\beta}_1, \hat{\beta}_2$ を最小二乗推定量（least squares estimator）と呼びます．

$\hat{\beta}_1, \hat{\beta}_2$ は，S を偏微分して 0 とおいた，

$$\frac{\partial S}{\partial \beta_1} = -2\sum (Y_i - \beta_1 - \beta_2 X_i) = 0$$

$$\frac{\partial S}{\partial \beta_2} = -2\sum (Y_i - \beta_1 - \beta_2 X_i) = 0$$

から求めることができますが、これを解くと、

(13.4)
$$\hat{\beta}_2 = \frac{\sum (X_i - \bar{X})(Y_i - \bar{Y})}{\sum (X_i - \bar{X})^2}$$

$$\hat{\beta}_1 = \bar{Y} - \hat{\beta}_2 \bar{X}$$

となります。$\hat{\beta}_2$ は X と Y の標本共分散を X の標本分散で割った形になっています。$\hat{\beta}_1, \hat{\beta}_2$ は、標本（偏）回帰係数（sample (partial) regression coefficient）と呼ばれます。

$$y = \hat{\beta}_1 + \hat{\beta}_2 x$$

は、標本回帰方程式（sample regression equation）または標本回帰直線（sample regression line）と呼ばれます。

また、$E(Y_i)$ の標本回帰方程式による推定量（回帰値、regressed value）を、

(13.5)
$$\hat{Y}_i = \hat{\beta}_1 + \hat{\beta}_2 X_i$$

とすると、

(13.6)
$$e_i = Y_i - \hat{Y}_i$$

は、X_i で説明されずに残った部分ですが、これは回帰残差（residual）と呼ばれます。e_i は誤差項 u_i の推定量ですが、標本にかかわらず常に、

$$\sum e_i = 0, \qquad \sum e_i X_i = 0$$

を満足します。（最初の式が $\partial S/\partial \beta_1 = 0$ に、次の式が $\partial S/\partial \beta_2 = 0$ に対応しています。）

u_i の分散 σ^2 は、e_i から、

(13.7)
$$s^2 = \sum e_i^2/(n-2)$$

で推定します。$(n-2)$ で割るのは、e_i に2つの制約式があり、その自由度が2失われてしまうためです。

なお、これまでと同様、推定量に実際に得られた標本の値を代入して得られた数値を推定値と呼びます。

13.2.2 最小二乗推定量の性質と分散

$\hat{\beta}_1, \hat{\beta}_2$ を求めるのに最小二乗法を用いましたが、これはなぜでしょうか。説明できない部分 $u_i = Y_i - (\hat{\beta}_1 + \hat{\beta}_2 X_i)$ の符号の影響を取り除くならば、2乗でなく、

例えば絶対値の和を考えて，

$$D = \sum |u_i| = \sum |Y_i - (\beta_1 + \beta_2 X_i)|$$

を最小にする推定量を考えてもよいはずです．（絶対値の和を最小にする推定方法は最小絶対偏差法（least absolute deviations method），推定量は最小絶対偏差推定量（least absolute deviations estimator）と呼ばれています．）この理由は，われわれが，代表値として期待値と平均を考え，u_i に対して $E(u_i) = 0$ 以下3つの条件を仮定していることによります．この条件下では，最小二乗推定量は，他の推定量にない優れた性質をもっています．（本書のレベルを超えているので詳細は省略しますが，最小絶対偏差法は代表値として中央値を考え，u_i の中央値 = 0 とした場合に対応しています．）

まず，$\hat{\beta}_1, \hat{\beta}_2$ は，

$$E(\hat{\beta}_1) = \beta_1, \qquad E(\hat{\beta}_2) = \beta_2$$

で不偏推定量となります．（s^2 も $E(s^2) = \sigma^2$ で，σ^2 の不偏推定量です．）さらに，分散は，

(13.8)
$$V(\hat{\beta}_1) = \frac{\sigma^2 \sum X_i^2}{n \sum (X_i - \bar{X})^2}$$

$$V(\hat{\beta}_2) = \frac{\sigma^2}{\sum (X_i - \bar{X})^2}$$

となります．実際には σ^2 は未知ですので，これを s^2 で置き換えて推定します．

$\hat{\beta}_1, \hat{\beta}_2$ は，ガウス・マルコフの定理（Gauss-Markov's theorem）によって線形不偏推定量の中で最も分散の小さい推定量，最良線形不偏推定量（best linear unbiased estimator, BLUE）であることが知られています．（線形不偏推定量は，$\bar{\beta}_j = \sum c_i Y_i$，$E(\bar{\beta}_j) = \beta_j$，$j = 1, 2$ を満足する推定量です．Y_i の線形推定量であることは，コンピュータによる数値計算法が発達した現在ではあまり意味があることとはいえませんが，あるクラスでの最適性を与えていることは，間違いありません．）

特に，u_i が互いに独立で正規分布に従うことが仮定された場合は，クラメル・ラオの不等式（Cramér-Rao's inequality）から不偏推定量の中で分散が最も小さくなる最良不偏推定量（best unbiased estimator, BUE）となります．

13.2.3　当てはまりのよさと決定係数 R^2

回帰方程式がどの程度よく当てはまっているか，すなわち，X が Y をどの程度よく説明しているかは，モデルの妥当性・有効性を考える上で重要な要素です．

X が Y の変動の大きな部分を説明できれば価値が高いといえるし,逆にほとんど説明できなければ価値は低いといえるでしょう.当てはまりのよさを計る基準として,一般に使われるのが,決定係数(coefficient of determination)R^2 です.

Y_i の変動の総和は $\sum (Y_i - \bar{Y})^2$ ですが,このうち,回帰方程式で説明できる部分は $\sum (\hat{Y}_i - \bar{Y})^2$,説明できない部分は $\sum e_i^2$ で,

$$\sum (Y_i - \bar{Y})^2 = \sum (\hat{Y}_i - \bar{Y})^2 + \sum e_i^2$$

となります.

R^2 は,Y_i の変動のうち,説明できる部分の割合で,

$$(13.9) \qquad R^2 = 1 - \frac{\sum e_i^2}{\sum (Y_i - \bar{Y})^2} = \frac{\sum (\hat{Y}_i - \bar{Y})^2}{\sum (Y_i - \bar{Y})^2}$$

となります.R^2 は $0 \leq R^2 \leq 1$ を満足し,X_i が完全に Y_i の変動を説明している場合 1,全く説明していない場合 0 となります.r を X_i と Y_i の標本相関係数とすると,この場合,$R^2 = r^2$ となります.

13.3 回帰係数の標本分布と検定

母回帰係数の推定以外にも,回帰分析では β_1, β_2 について検定を行うことも目的としています.そのためには,$\hat{\beta}_1, \hat{\beta}_2$ の標本分布を知る必要があります.ここでは,今までの条件に加えて,$u_1, u_2, \cdots, u_n$ が独立で正規分布に従うとします.(なお,$u_1, u_2, \cdots, u_n$ が正規分布に従わない場合でも,中心極限定理によって,ここでの結果は漸近的に成り立ちます.)

13.3.1 回帰係数の標本分布

まず,$\hat{\beta}_2$ について考えますと,

$$\hat{\beta}_2 = \beta_2 + \frac{\sum (X_i - \bar{X}) u_i}{\sum (X_i - \bar{X})^2}$$

で,独立な正規分布に従う確率変数の和となります.$\hat{\beta}_2$ の分布は,

$$N\left(\beta_2, \frac{\sigma^2}{\sum (X_i - \bar{X})^2}\right)$$

の正規分布で,$(\hat{\beta}_2 - \beta_2)\sqrt{\sum (X_i - \bar{X})^2}/\sigma$ は標準正規分布に従うことになります.ここで,$\hat{\beta}_2$ の標準偏差の推定量($\hat{\beta}_2$ の標準誤差,standard error)を,

$$(13.10) \qquad s.e.(\hat{\beta}_2) = \frac{s}{\sqrt{\sum (X_i - \bar{X})^2}}$$

としますと,$(\hat{\beta}_2 - \beta_2)\sqrt{\sum (X_i - \bar{X})^2}/\sigma$ の σ を s で置き換えた

$$(13.11) \qquad\qquad t_2 = (\hat{\beta}_2 - \beta_2)/s.e.(\hat{\beta}_2)$$

は，自由度 $n-2$ の t 分布 $t(n-2)$ に従うことが知られています．

また，$\hat{\beta}_1$ の分布は，

$$N\left(\beta_1, \frac{\sigma^2 \sum X_i^2}{n \sum (X_i - \bar{X})^2}\right)$$

となり，標準誤差は，

$$(13.12) \qquad\qquad s.e.(\hat{\beta}_1) = s\sqrt{\frac{\sum X_i^2}{n \sum (X_i - \bar{X})^2}}$$

で求めますが，

$$(13.13) \qquad\qquad t_1 = (\hat{\beta}_1 - \beta_1)/s.e.(\hat{\beta}_1)$$

は，$\hat{\beta}_2$ の場合と同様，自由度 $n-2$ の t 分布 $t(n-2)$ に従います．

13.3.2 回帰係数の検定

β_2 は，回帰モデルにおいて X が Y をどのように説明しているかを表す重要なパラメータです．β_2 についての検定を行ってみましょう．帰無仮説を，

$$H_0 : \beta_2 = a$$

とします．a は指定された定数です．対立仮説として，

$$H_1 : \beta_2 \neq a \text{（両側検定）}, \; H_1 : \beta_2 > a \text{（右片側検定）}, \; H_1 : \beta_2 < a \text{（左片側検定）}$$

から適当なものを選びます．どのタイプの検定とするかは，今までの検定と同様，検定の目的や事前の情報によって決定されます．

$\hat{\beta}_2$ と $s.e.(\hat{\beta}_2)$ を計算し，検定統計量

$$(13.14) \qquad\qquad t_2 = (\hat{\beta}_2 - a)/s.e.(\hat{\beta}_2)$$

を求め，この値と自由度 $n-2$ の t 分布の有意水準 α に対応するパーセント点 $t_{\alpha/2}(n-2)$，$t_\alpha(n-2)$ を比較し，

　ⅰ） $H_1 : \beta_2 \neq a$ では，$|t_2| > t_{\alpha/2}(n-2)$ の場合，帰無仮説を棄却し，それ以外は採択する，

　ⅱ） $H_1 : \beta_2 > a$ では，$t_2 > t_\alpha(n-2)$ の場合，帰無仮説を棄却し，それ以外は採択する，

　ⅲ） $H_1 : \beta_2 < a$ では，$t_2 < -t_\alpha(n-2)$ の場合，帰無仮説を棄却し，それ以外は採択する，

という検定を行います．

ところで，回帰方程式は X で Y を説明する分析方法ですので，X が Y を説明できるかどうか，すなわち，$H_0 : \beta_2 = 0$ の検定が特に重要となります．この検定

の結果，帰無仮説が棄却された場合，回帰方程式は有意であるといいます．また，このために計算された検定統計量 $t_2 = \hat{\beta}_2/s.e.(\hat{\beta}_2)$ は t 値（t-ratio）と呼ばれています．

なお，β_2 に比べて使われることは少ないですが，β_1 についても，t_1 を使って同様の検定を行うことができます．

13.4 国別人口データを使った回帰分析

13.4.1 回帰モデルの推定

ここでは，国別人口のデータを使って人口増加率を1人あたり GDP の水準で説明する回帰分析を行ってみます．Sheet 7 を挿入し，A1 からの範囲に「人口増加率」，「一人当 GDP」，「人口密度」，「地域」のデータを，この順番にフィールド名を含めて Sheet1 から複写してください．「人口増加率」，「人口密度」は式で計算してありますので，値複写してください．「人口密度」，「地域」は後ほどの分析で使用します．

被説明変数 Y は「人口増加率」，説明変数 X は「一人当 GDP」の対数値を用いますが，対数値としては，今までと異なり，$e = 2.718\cdots$ を底とする自然対数 $\log_e$ を用います．自然対数を用いませんと，回帰係数の意味をうまく説明できません．E1 に**対数一人当 GDP**，E2 に **=LN(B2)** と入力し，E2 の内容を複写して，「一人当 GDP」の自然対数値を計算します．

母回帰方程式は，

$$(13.15) \quad \begin{aligned} &Y_i = \beta_1 + \beta_2 X_i + u_i, \qquad i = 1, 2, \cdots, n \\ &Y_i = \text{「人口増加率」}, \quad X_i = \log_e(\text{「一人当 GDP」}) \end{aligned}$$

となります（以下，カッコ内は Excel での表示）．傾き β_2 は「一人当 GDP」が 1% 増加した場合，「人口増加率」がどの程度変化するかを表しています．（関数変換を行った場合は回帰係数の意味が異なってきます．現在の統計分析用のパッケージには，いくつかの候補の中から，自動的に最も当てはまりのよい関数型を選んでくれるものがありますが，関数変換を行った場合の回帰係数の意味を理解して利用してください．）

すでに学習したように，回帰方程式の推定はごく簡単な場合でもかなり面倒な計算が必要ですが，Excel の「データ分析」にはこの推定を行うルーチンが組み込まれています．［データ］タブ→「分析」グループの［データ分析］を選択して，［回帰分析］を選びます（図 13.1）．「回帰分析」のボックスが開きますので，

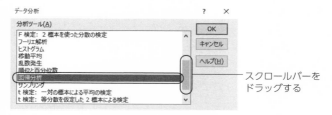

図 13.1 「データ分析」から［回帰分析］を選択する.

まず，データの範囲を指定します．［入力 Y 範囲(Y)］に A1 から A79 を，［入力
X 範囲(X)］に E1 から E79 を指定します．データの範囲にフィールド名を含め
ましたので，［ラベル(L)］をクリックし，最初の 1 行がフィールド名でデータ
ではないことを指定します．（これを行わないとエラーとなります．）次に出力先
を指定しますが，「出力オプション」の［一覧の出力先(S)］をクリックし，出
力先として A85 を指定します（図 13.2）．（今後さらにデータの列を加えていき
ますので，出力はデータの下側とします．）準備ができましたので，［OK］をク
リックします．

　回帰分析の結果が，回帰統計，分散分析表，回帰係数と標準誤差の推定の 3 つ
に分かれて出力されます（図 13.3）．回帰統計では，決定係数 R^2（「重決定
R2」），その平方根の R（「重相関 R」），s の値（「標準誤差」），観測数 n などが出
力されます．分散分析表では，回帰値，残差，Y の偏差 $Y_i - \bar{Y}$ の自由度，変動

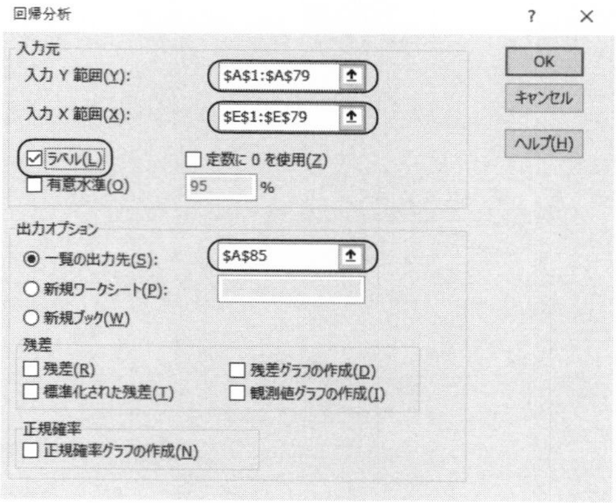

図 13.2　データの範囲と出力先を指定する．［ラベル (L)］
をクリックしてチェックされている状態とし，1
行目がフィールド名であることを指定する．

	A	B	C	D	E	F	G	H	I
85	概要								
86									
87		回帰統計							
88	重相関 R	0.674066999							
89	重決定 R2	0.454366319							
90	補正 R2	0.447186928							
91	標準誤差	0.006579776							
92	観測数	78							
93									
94	分散分析表								
95		自由度	変動	分散	観測された分散比	有意 F			
96	回帰	1	0.002739939	0.002739939	63.28758909	1.34E-11			
97	残差	76	0.003290303	4.32935E-05					
98	合計	77	0.006030241						
99									
100		係数	標準誤差	t	P-値	下限 95%	上限 95%	下限 95.0%	上限 95.0%
101	切片	0.040233343	0.004353856	9.240854067	4.62135E-14	0.031562	0.048905	0.031562	0.048905
102	対数一人当GDP	-0.00383876	0.000482538	-7.955349715	1.34027E-11	-0.0048	-0.00288	-0.0048	-0.00288
103									

図 13.3 「回帰分析」の出力結果

$\sum(\hat{Y}_i - \bar{Y})^2$, $\sum e_i^2$, $\sum(Y_i - \bar{Y})^2$, 自由度で変動を割った分散，回帰値と残差の分散比，それに対応する F 分布の p 値が与えられます．（「補正 R2」，「分散比」については，次節の重回帰分析で説明します．）

最後に，回帰係数とその標準誤差の推定値が与えられます．この結果，標本回帰方程式は（カッコ内は標準誤差），

$$(13.16) \qquad Y = 0.04023 \quad - \quad 0.003839 \cdot X$$
$$(0.004354) \qquad (0.000483)$$

となります．このことから，1 人あたり GDP が 1% 増加すると，人口増加率は約 0.004% 減少することがわかります．また，推定値を標準誤差で割った t 値（「t」），自由度 $n-2$ の t 分布において絶対値が $|t|$ より大きくなる確率である両側の p 値（「P-値」），各回帰係数の信頼係数 95% の信頼区間（「下限 95%」，「上限 95%」）が計算されて出力されています．なお，信頼係数 $1-\alpha$ の信頼区間は，$\hat{\beta}_j \pm t_{\alpha/2}(n-2) \cdot s.e.(\hat{\beta}_j)$, $j=1,2$ となります．

13.4.2 有意性検定

回帰方程式の有意性検定を行ってみます．人口増加率は所得水準が向上すると減少することが予想されますので，帰無仮説，対立仮説はそれぞれ，

$$H_0 : \beta_2 = 0, \qquad H_1 : \beta_2 < 0$$

となります．検定統計量 t は，この場合，t 値と等しく $t = -7.955$ となります．有意水準 α を 1% とすると，$t_\alpha(n-2) = 2.376$ ですので（t 分布のパーセント点 $t_\alpha(n-2)$ は $=$ **TINV(2*a の値, 自由度)** で求めます），$t < -t_\alpha(n-2)$ となり，

帰無仮説は棄却されます．回帰方程式は有意であり，所得水準は人口増加率を説明するのに有効な変数であることがわかります．これらの数値は前章の相関係数検定の値と同一であることに注意して下さい．

13.5 重 回 帰 分 析

　今までは，説明変数がただ1つのモデルを考えてきました．この場合を単回帰分析または単純回帰分析（simple regression analysis）と呼びます．しかしながら，複数の説明変数が被説明変数に影響すると考えられる場合が数多く存在します．例えば，ある商品の消費量を考えた場合，説明変数としては，収入，資産保有高，性別，年齢など，いくつかの変数が考えられます．このように，2つ以上の説明変数がある場合を，重回帰分析（multiple regression analysis）と呼びます．

　重回帰方程式は，複数の説明変数 $X_2, X_3, \cdots, X_k$ を含み，母集団において，

　　(13.17)　　$Y_i = \beta_1 + \beta_2 X_{2i} + \beta_3 X_{3i} + \cdots + \beta_k X_{ki} + u_i, \qquad i = 1, 2, \cdots, n$

となります．u_i は誤差項で，説明変数および誤差項は単回帰分析で仮定したのと同一の条件を満足するものとします．$\beta_2, \beta_3, \cdots, \beta_k$ は他の説明変数の影響を取り除いた純粋の影響を表しています．

13.5.1 重回帰方程式の推定

　重回帰方程式は，k 個の未知の母（偏）回帰係数 $\beta_1, \beta_2, \cdots, \beta_k$ を含んでいますので，これを標本から推定します．これには，単回帰分析の場合と同様，最小二乗法が用いられます．すなわち，

$$u_i = Y_i - (\beta_1 + \beta_2 X_{2i} + \beta_3 X_{3i} + \cdots + \beta_k X_{ki})$$

ですが，その二乗和

$$S = \sum u_i^2 = \sum \{Y_i - (\beta_1 + \beta_2 X_{2i} + \cdots + \beta_{ki} X_{ki})\}^2$$

を最小にする $\beta_1, \beta_2, \cdots, \beta_k$ の値を求めます．このために S を偏微分して0とおいた k 個の連立方程式

$$\partial S/\partial \beta_1 = 0, \qquad \partial S/\partial \beta_2 = 0, \qquad \cdots, \qquad \partial S/\partial \beta_k = 0$$

を考えます．この連立方程式は $\beta_1, \beta_2, \cdots, \beta_k$ の線形の連立方程式となりますので，特別な場合を除き，解析的に解くことが可能です．最小二乗推定量 $\hat{\beta}_1, \hat{\beta}_2, \cdots, \hat{\beta}_k$ は，この連立方程式の解で，標本（偏）回帰係数と呼ばれます．（ここでは，解は存在するものとします．）$\hat{\beta}_1, \hat{\beta}_2, \cdots, \hat{\beta}_k$ は，単回帰分析の場合と同様，ガウス・マルコフの定理によって最良線形不偏推定量となっています．

この結果得られた

$$y = \hat{\beta}_1 + \hat{\beta}_2 x_2 + \hat{\beta}_3 x_3 + \cdots + \hat{\beta}_k \mathbf{x}_k$$

および，$E(Y_i)$ の推定量

$$\hat{Y}_i = \hat{\beta}_1 + \hat{\beta}_2 X_{2i} + \hat{\beta}_3 X_{3i} + \cdots + \hat{\beta}_k X_{ki}$$

は，単回帰分析の場合と同様，標本回帰方程式，回帰値と呼ばれます．

誤差項 u_i の分散 σ^2 は，回帰残差 $e_i = Y_i - \hat{Y}_i$ から，

$$(13.18) \qquad s^2 = \sum e_i^2 / (n-k)$$

で推定します．残差の二乗和を $n-k$ で割るのは，e_i を k 個の推定量 $\hat{\beta}_1, \hat{\beta}_2, \cdots, \hat{\beta}_k$ を使って求めているため，$\sum e_i = 0$，$\sum e_i X_{2i} = 0$，$\sum e_i X_{3i} = 0$，$\cdots$，$\sum e_i X_{ki} = 0$ が成り立ち，自由度が k 失われてしまうためです．s^2 は σ^2 の不偏推定量となっています．

13.5.2 式モデルの当てはまりのよさの基準

Y_i の変動 $\sum (Y_i - \bar{Y})^2$ は，$X_2, X_3, \cdots, X_k$ で説明できる部分と，説明できない部分の和として，

$$\sum (Y_i - \bar{Y})^2 = \sum (\hat{Y}_i - \bar{Y})^2 + \sum e_i^2$$

となります．モデルの当てはまりのよさを表す決定係数 R^2 は，

$$(13.19) \qquad R^2 = 1 - \frac{\sum e_i^2}{\sum (Y_i - \bar{Y})^2} = \frac{\sum (\hat{Y}_i - \bar{Y})^2}{\sum (Y_i - \bar{Y})^2}$$

となります．R^2 の正の平方根は重相関係数（multiple regression coefficient）と呼ばれ，R で表されます．

ところで，R^2 は説明変数の数が増加するに従って増加します．$k = n$ とすると，$R^2 = 1$ となってしまいます．（$k > n$ では推定ができません．）ところが，説明変数の数を多くしすぎると，かえってモデルが悪くなってしまうことが知られています．説明変数の数が違う場合，単純に R^2 でモデルの当てはまりを比較することはできません．補正 R^2（corrected R^2）$\bar{R}^2$ は，説明変数の数の違いを考慮したもので，Y_i の変動と残差の二乗和をその自由度で割った

$$(13.20) \qquad \bar{R}^2 = 1 - \frac{\sum e_i^2 / (n-k)}{\sum (Y_i - \bar{Y})^2 / (n-1)}$$

で定義されます．$\bar{R}^2$ は k が増加しても必ず増加するとは限りません．$\bar{R}^2$ を最大にすることは，s^2 を最小にするのと同一のことになります．

なお，最適な説明変数の組み合わせを選ぶことは，モデル選択と呼ばれる分野の問題となりますが，$\bar{R}^2$ でも説明変数を増やすことに対するペナルティーが十

分でないとされています．一般に最も広く使われているのは，赤池の情報量基準
（Akaike information criterion, AIC）と呼ばれる基準で，重回帰分析の場合，

$$(13.21) \qquad\qquad AIC = \log_e(\textstyle\sum e_i^2/n) + 2k/n$$

を最小にするものを選択します．

いずれにしろ，重回帰分析の場合，不必要な説明変数の数を増やさないように
注意してください．

13.5.3 重回帰分析における検定

σ^2 の推定量 s^2 を使って標本回帰係数 $\hat\beta_j$ の標準誤差 $s.e.(\hat\beta_j)$ を求めることが
できます．（推定量，分散，標準偏差などを簡単な形で表現するには行列の知識
が必要ですのでここでは説明しませんが，詳細については，前掲の『Excel によ
る回帰分析入門』を参照してください．）Excel ではこの値が推定値とともに出
力されます．

ここで，

$$(13.22) \qquad\qquad t_j = \frac{\hat\beta_j - \beta_j}{s.e.(\hat\beta_j)}$$

は，自由度 $n-k$ の t 分布 $t(n-k)$ に従いますので，1 つの回帰係数に関する帰
無仮説 $H_0 : \beta_j = a$ については，単回帰分析の場合と同様に行うことができます．

重回帰分析の場合，複数の説明変数がありますので，いくつかの回帰係数につ
いての仮説を同時に検定したい場合があります．例えば，実験用のラットに 2 つ
の薬 A, B を与えてその影響を調べる場合，ラットの体重を Y とし，A, B の投与
量を X_2, X_3 とすると，それらに影響がないという帰無仮説は，

$$H_0 : \beta_2 = 0 \text{ かつ } \beta_3 = 0$$

となり，少なくともどちらかの影響があるという対立仮説は，

$$H_1 : \beta_2 \neq 0 \text{ または } \beta_3 \neq 0$$

となります．

このように帰無仮説が複数の制約式からなる場合，個々の回帰係数についての
t 検定だけでは不十分ですので，次の手順に従って F 検定を行います．

ⅰ） H_0 が正しいとして，重回帰方程式（上の例では，X_2, X_3 を含まない式）
を推定し，残差の二乗和 S_0 を求める．

ⅱ） すべての説明変数を加えて（H_0 が成立していないとして H_1 のもとで）
重回帰方程式を推定し，残差の二乗和 S_1 を求める．

ⅲ） H_0 に含まれる式の数を p とすると，

(13.23)
$$F = \frac{(S_0 - S_1)/p}{S_1/(n-k)}$$

は，帰無仮説のもとで，自由度 $(p, n-k)$ の F 分布 $F(p, n-k)$ に従うので，検定統計量 F の値と有意水準 α に対応するパーセント点 $F_\alpha(p, n-k)$ とを比較し，$F > F_\alpha(p, n-k)$ の場合，帰無仮説を棄却し，それ以外では採択する．

特に，説明変数のすべてが Y を説明しないという帰無仮説

$$H_0 : \beta_2 = \beta_3 = \cdots = \beta_k = 0$$

と，対立仮説

$$H_1 : \beta_2, \beta_3, \cdots, \beta_k \text{ の少なくとも 1 つは 0 でない}$$

を検定する場合は，$p = k-1$，$S_0 = \sum (Y_i - \bar{Y})^2$，$S_1 = \sum e_i^2$，$S_0 - S_1 = \sum (\hat{Y}_i - \bar{Y})^2$ として F 値を計算します．Excel の回帰分析では，分散分析表に「観測された分散比」としてこの値が出力されます．

なお，帰無仮説の制約式がただ 1 つの場合，$F = t^2$ となり，F 検定は t 検定の両側検定の結果と一致します．F 検定では片側検定で行ったように対立仮説を不等号で与えることはできませんので，1 つの回帰係数についての検定は t 検定を使ってください．

13.6 ダ ミ ー 変 数

回帰分析では，量的データばかりでなく，ダミー変数（dummy variable）と呼ばれる変数を使うことによって質的データを説明変数として使って分析を行うことができます．（なお，被説明変数を質的データとして使って分析を行うことも可能ですが，それについては，『応用計量経済学 II』（牧ほか，1997）第 4 章を参照してください．）

ダミー変数は，0 または 1 をとる変数で，例えば，性別を表す場合，女性の場合 0，男性の場合 1 とし，

$$D_i = \begin{cases} 0 : \text{女性} \\ 1 : \text{男性} \end{cases}$$

とします．例として，Y を賃金，X を勤続年数とし，男女の間に賃金の格差があるかどうかを考えてみましょう．今，男女の賃金差が勤続年数にかかわらず一定で，

$$\text{女性} : Y_i = \beta_1 + \beta_2 X_i + u_i, \quad \text{男性} : Y_i = \beta_1^* + \beta_2 X_i + u_i$$

であるとします. この場合, ダミー変数を使うと男女の賃金を単一の式で,

$$Y_i = \beta_1 + \beta_2 X_i + \beta_3 D_i + u_i$$

で表すことができます. ダミー変数は通常の変数と全く同一に取り扱うことができ, 男女間に賃金格差があるかどうかは, $H_0 : \beta_3 = 0$ として検定を行えばよいことになります.

ダミー変数は, 上記の例のように使用されることが多いのですが, 初任給は男女とも同一であるけれどもその後の賃金上昇率が異なり,

$$女性 : Y_i = \beta_1 + \beta_2 X_i + u_i, \qquad 男性 : Y_i = \beta_1 + \beta_2{}^* X_i + u_i$$

であるケースにも利用することができます. この場合は $Z_i = D_i \cdot X_i$ として,

$$Y_i = \beta_1 + \beta_2 X_i + \beta_3 Z_i + u_i$$

を考えればよく, 男女間に賃金上昇率に差があるかどうかは, $H_0 : \beta_3 = 0$ の検定を行います. また, 初任給, 賃金上昇率ともに異なる場合は,

$$Y_i = \beta_1 + \beta_2 X_i + \beta_3 D_i + \beta_4 Z_i + u_i$$

とします. 男女間に差があるかどうかの検定は, $H_0 : \beta_3 = \beta_4 = 0$ の F 検定を行います. (ただし, 初任給, 賃金上昇率ともに異なる場合は, 男女別に回帰方程式を推定するのと同一の結果になります.)

性別の場合は, とりうる状態が 2 つでしたが, 質的データのとりうる状態が $A_1, A_2, \cdots, A_s$ で s 個である場合は, $s-1$ 個のダミー変数, $D_{1i}, D_{2i}, \cdots, D_{s-1,i}$ を,

$$D_{1i} = \begin{cases} 1 & A_1 \text{ の場合} \\ 0 & \text{それ以外} \end{cases} \quad D_{2i} = \begin{cases} 1 & A_2 \text{ の場合} \\ 0 & \text{それ以外} \end{cases} \quad \cdots \quad D_{s-1,i} = \begin{cases} 1 & A_{s-1} \text{ の場合} \\ 0 & \text{それ以外} \end{cases}$$

として, 分析を行います. なお, ダミー変数の数は $s-1$ 個で十分ですので, s 個目のダミー変数は使わないでください. s 個のダミー変数を使うと完全な多重共線性 (multicollinearity) と呼ばれる問題のため, 回帰方程式の推定ができなくなります.

なお, 前章で説明した一元配置分散分析は, すべての説明変数をダミー変数として, 説明変数のすべてが Y を説明しないという帰無仮説の F 検定に対応しています.

13.7 国別人口データを使った人口増加率の重回帰分析

13.7.1 重回帰方程式の推定

13.4 節では, 人口増加率を Y, 1 人あたり GDP の対数値を X とする単回帰分析を行いましたが, 説明変数に人口密度と地域を表すダミー変数を加えて重回帰

分析を行ってみます. 1人あたり GDP と同様, 人口密度は最小の値と最大の値が数桁違いますので, 自然対数をとります. また, 地域はアフリカでの人口増加率が特に高いとされていますので, アフリカを1, それ以外を0とするダミー変数を使います.

重回帰方程式は,

$$
(13.24) \quad
\begin{cases}
Y_i = \beta_1 + \beta_2 X_{2i} + \beta_3 X_{3i} + \beta_4 X_{4i} + u_i, \quad i = 1, 2, \cdots, n \\
Y = 人口増加率 \\
X_2 = \log_e(1人あたり GDP) \\
X_3 = \log_e(人口密度) \\
X_4 = アフリカが1, それ以外が0のダミー変数
\end{cases}
$$

となります. F1 に**対数人口密度**, F2 に**＝LN(C2)** と入力し, F2 の内容を複写して $\log_e$(人口密度) をすべてのデータについて求めてください. 次に, G1 に**アフリカダミー**, G2 に**＝IF(D2="アフリカ",1,0)** と入力し, これを複写して, アフリカが1, それ以外が0となるダミー変数をつくります.

単回帰分析の場合と同様, ［データ］タブ→「分析」グループの［データ分析］を選択し, ［回帰分析］を選びます.「入力元」の［入力 Y 範囲(Y)］に A1 から A79 を,「入力 X 範囲(X)」に E1 から G79 を指定します. フィールド名をデータ範囲に含めましたので, ［ラベル(L)］をクリックします（図 13.4）.「出力オプション」の［一覧の出力先(S)］をクリックし, 出力先として A105 を指定します. ［OK］をクリックすると, 重回帰分析の結果が A105 を先頭とする範囲に出力されます（図 13.5）.

推定結果は,

$$
(13.25) \quad
\begin{cases}
Y = 0.02125 \quad -0.001603\,X_2 - 0.000888\,X_3 + 0.01106\,X_4 \\
 (0.005905) \quad (0.000551) \quad (0.000487) \quad (0.001934) \\
s = 0.005367 \\
R^2 = 0.6465
\end{cases}
$$

となります. カッコ内は標準誤差です.

13.7.2　回帰係数の有意性検定

β_2, β_3, β_4 についての係数が0かどうかの個別の有意性検定を, 有意水準 α を5% として行います.（β_2, β_3 は負, β_4 は正であることが予想されますので, 片側検定を行います.）t 値は,

$$
t_2 = -2.910, \quad t_3 = -1.824, \quad t_4 = 5.716
$$

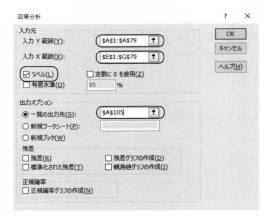

図 13.4 データの範囲と出力先を指定する．［ラベル（L）］をクリックする．

	A	B	C	D	E	F	G	H	I
105	概要								
106									
107	回帰統計								
108	重相関 R	0.804043659							
109	重決定 R2	0.646486205							
110	補正 R2	0.632154565							
111	標準誤差	0.005367285							
112	観測数	78							
113									
114	分散分析表								
115		自由度	変動	分散	観測された分散比	有意 F			
116	回帰	3	0.003898468	0.001299489	45.1090169	1.0973E-16			
117	残差	74	0.002131774	2.88078E-05					
118	合計	77	0.006030241						
119									
120		係数	標準誤差	t	P-値	下限 95%	上限 95%	下限 95.0%	上限 95.0%
121	切片	0.021250509	0.0059045	3.599035812	0.000574403	0.009485535	0.033015482	0.00948553	0.03301548
122	対数一人当GDP	-0.001603299	0.000551031	-2.909636354	0.004776296	-0.002701251	-0.000505346	-0.00270125	-0.00050535
123	対数人口密度	-0.000887734	0.00048671	-1.823951121	0.072196901	-0.001857524	8.20555E-05	-0.00185752	8.2056E-05
124	アフリカダミー	0.011055937	0.001934165	5.716128072	2.15802E-07	0.007202028	0.014909845	0.00720203	0.01490985
125									

図 13.5 「重回帰分析」の出力結果

となります．これらを，自由度 $n-k=74$ の t 分布のパーセント点 $t_\alpha(n-k)=$ 1.666 と比較すると，X_2, X_3, X_4 が回帰係数が 0 であるという帰無仮説は棄却され，これらの説明変数は有効に利いていることになります．

次に，すべての説明変数が Y を説明しないという帰無仮説

$$H_0 : \beta_2 = \beta_3 = \beta_4 = 0$$

を（すでに述べたように，対立仮説は $H_1 : \beta_2, \beta_3, \beta_4$ の少なくとも 1 つは 0 でない），有意水準 α を 1% として検定してみます．検定統計量 F は「観測された分

散比」として計算されており，$F = 45.109$ です．$p = 3$，$n - k = 74$ ですから，F 分布の自由度は $(3, 74)$ で，$F_\alpha(k - 1, n - k) = 4.058$ ですので（F 分布のパーセント点は，**FINV(αの値, 自由度1, 自由度2)** で求めます），帰無仮説は棄却され，回帰方程式は有効に Y を説明していると考えられることになります．なお，分散分析表に「有意F」として F 分布における p 値（すなわち，$F(k - 1, n - k)$ において，求められた F より大きな値が得られる確率）が与えられています．検定はこの値と有意水準 α とを比較して，α より小さい場合，帰無仮説を棄却し，それ以外は採択するとして行うことも可能です．

最後に，新しく加えた 2 つの変数「対数人口密度」と「アフリカダミー」が説明変数として有効に利いているかどうかを，F 検定を使って検定してみます．帰無仮説，対立仮説はそれぞれ，

$$H_0 : \beta_3 = \beta_4 = 0, \qquad H_1 : \beta_3, \beta_4 \text{ の少なくとも 1 つが 0 でない}$$

です．有意水準 α は 5% とします．帰無仮説のもとでは，説明変数は「対数一人当 GDP」だけですので，13.4 節で考えた回帰方程式となります．残差の二乗和は，分散分析表の残差の変動として出力されていますので，単回帰分析の結果から，$S_0 = 0.003290$ となります．また，帰無仮説が成立せずすべての説明変数を含む場合は，現在考えている重回帰方程式ですので，残差の二乗和は，$S_1 = 0.002132$ となります．

	A	B
129	$\beta 2 = \beta 3 = 0$のF検定	
130	S0	0.003290
131	S1	0.002132
132	p	2
133	n-k	74
134	統計検定量F	20.1079
135	有意水準	5%
136	パーセント点	3.1203
137		

$n - k = 74$，$p = 2$ ですから，検定統計量 F を適当なセルに計算すると，

図 13.6 *F 検定の分析結果*

$$F = \frac{(S_0 - S_1)/p}{S_1/(n - k)} = \frac{0.003290 - 0.002132}{0.002132/74} = 20.108$$

となります．F 分布の自由度は，$(2, 74)$ ですから，$F = 20.108 > F_\alpha(p, n - k) = 3.120$ となり，帰無仮説は棄却されることになります（図 13.6）．

13.8 国別人口データを使った演習

1. 「人口増加率」を被説明変数 Y，「対数人口密度」を説明変数 X として，単回帰分析を行ってください．t 検定を使って $H_0 : \beta_2 = 0$ の有意性検定を行ってください．（有意水準 α，対立仮説は適当なものを選んでください．）

2. 地域を表す新しいダミー変数として，

   ⅰ) アジアが 1，それ以外が 0 のもの（「アジアダミー」），

ⅱ）　ヨーロッパが 1, それ以外が 0 のもの（「ヨーロッパダミー」）,

　　の 2 つを計算してください.

3.　「人口増加率」を被説明変数 Y, 地域を表す 3 つのダミー変数（「アフリカ
　ダミー」,「アジアダミー」,「ヨーロッパダミー」）を, 説明変数 X_2, X_3, X_4 と
　して重回帰分析を行ってください. F 検定によって, すべての説明変数が Y
　を説明しないかどうかの仮説検定を行い, この結果が 12.4 節の演習問題 2
　の一元配置分散分析の結果と一致することを確認してください.

4.　「人口増加率」を被説明変数 Y,「対数一人当 GDP」,「対数人口密度」, お
　よび地域を表す 3 つのダミー変数の合計 5 つの変数を説明変数として, 重回
　帰分析を行ってください.

　　次に,

　ⅰ）　各回帰係数の有意性検定,

　ⅱ）　すべての説明変数が Y を説明しないかどうかの仮説検定,

　ⅲ）　3 つの地域ダミーが Y を説明しないかどうかの仮説検定,

　　を行ってください.

5.　モデル選択の基準として広く使われている AIC は, すでに述べたように,
　回帰分析の場合, $\mathrm{AIC} = \log_e(\sum e_i^2/n) + 2k/n$ となります. 次の手順に従っ
　て, AIC を最小にするモデルを選んでください.

　ⅰ）　すべての説明変数を加えて, 重回帰分析を行い, AIC を計算する.

　ⅱ）　t 値の絶対値が最小の説明変数を除き, 重回帰分析を行い, AIC を計算
　　する.

　ⅲ）　ⅱ）を説明変数の数が 1 つになるまで繰り返す.

　ⅳ）　AIC を最小にするモデルを選ぶ.

参 考 文 献

統 計 学

・東京大学教養学部統計学教室編,『統計学入門』, 東京大学出版会, 1991.
・東京大学教養学部統計学教室編,『人文・社会科学の統計学』, 東京大学出版会, 1994.
・東京大学教養学部統計学教室編,『自然科学の統計学』, 東京大学出版会, 1992.
・縄田和満著,『Excel による回帰分析入門』, 朝倉書店, 1998.
・縄田和満著,『Excel による統計入門 [Excel 2007 対応版]』, 朝倉書店, 2000.
・縄田和満著,『Excel VBA による統計データ解析入門』, 朝倉書店, 2000.
・縄田和満著,『Excel 統計解析ボックスによるデータ解析』, 朝倉書店, 2001.
・縄田和満著,『Excel による確率入門』, 朝倉書店, 2003.
・縄田和満著,『確率・統計 I (東京大学工学教程)』, 丸善出版, 2013.
・牧 厚志, 宮内 環, 浪花貞夫, 縄田和満著,『応用計量経済学 II』, 数量経済分析シリーズ 第 3 巻, 多賀出版, 1997.

Excel な ど

・井上香緒里著,『Windows 10 完全ガイド 基本操作＋疑問・困った解決＋便利ワザ [改訂 2 版]』, SB クリエイティブ, 2019.
・金城俊哉著,『Excel 2019 パーフェクトマスター』, 秀和システム, 2019.
・きたみあきこ, できるシリーズ編集部著,『できる Excel パーフェクトブック困った！＆便利ワザ大全 Office 365/2019/2016/2013/2010 対応』, インプレス, 2019.
・羽山 博, 吉川明広, できるシリーズ編集部著,『Excel 関数全事典 改訂版 Office 365 & Excel 2019/2016/2013/2010 対応』, インプレス, 2019.
・国本温子, 緑川吉行, できるシリーズ編集部著,『できる大事典 Excel VBA 2016/2013/2010/2007 対応』, インプレス, 2017.

索　　引

著者略歴

縄田和満（なわた・かずみつ）
1957 年　千葉県に生まれる
1979 年　東京大学工学部資源開発工学科卒業
1986 年　スタンフォード大学経済学部博士課程修了
1986 年　シカゴ大学経済学部助教授
現　在　東京大学大学院工学系研究科・工学部システム創成学科教授
　　　　Ph. D.（Economics）

Excel による統計入門 第4版　　　　定価はカバーに表示

1996 年 7 月 10 日　初　版第 1 刷
2000 年 4 月 1 日　第 2 版第 1 刷
2007 年 10 月 15 日　Excel 2007 対応版第 1 刷
2020 年 3 月 1 日　第 4 版第 1 刷

　　　　　　　著　者　縄　田　和　満

　　　　　　　発行者　朝　倉　誠　造

　　　　　　　発行所　株式会社 朝　倉　書　店
　　　　　　　　　　　東京都新宿区新小川町 6-29
　　　　　　　　　　　郵 便 番 号　162-8707
　　　　　　　　　　　電　話　03（3260）0141
　　　　　　　　　　　F A X　03（3260）0180
　　　　　　　　　　　http://www.asakura.co.jp

〈検印省略〉

中央印刷・渡辺製本

明大 国友直人著 統計解析スタンダード **応用をめざす 数 理 統 計 学** 12851-2 C3341　　　　　A 5 判 232頁 本体3500円	数理統計学の基礎を体系的に解説。理論と応用の橋渡しをめざす。「確率空間と確率分布」「数理統計の基礎」「数理統計の展開」の三部構成のもと、確率論、統計理論、応用局面での理論的・手法的トピックを丁寧に講じる。演習問題付。
東京理科大 村上秀俊著 統計解析スタンダード **ノ ン パ ラ メ ト リ ッ ク 法** 12852-9 C3341　　　　　A 5 判 192頁 本体3400円	ウィルコクソンの順位和検定をはじめとする種々の基礎的手法を、例示を交えつつ、ポイントを押さえて体系的に解説する。〔内容〕順序統計量の基礎／適合度検定／1標本検定／2標本問題／多標本検定問題／漸近相対効率／2変量検定／付表
筑波大 佐藤忠彦著 統計解析スタンダード **マ ー ケ テ ィ ン グ の 統 計 モ デ ル** 12853-6 C3341　　　　　A 5 判 192頁 本体3200円	効果的なマーケティングのための統計的モデリングとその活用法を解説。理論と実践をつなぐ書。分析例はRスクリプトで実行可能。〔内容〕統計モデルの基本／消費者の市場反応／消費者の選択行動／新商品の生存期間／消費者態度の形成／他
農研機構 三輪哲久著 統計解析スタンダード **実 験 計 画 法 と 分 散 分 析** 12854-3 C3341　　　　　A 5 判 228頁 本体3600円	有効な研究開発に必須の手法である実験計画法を体系的に解説。現実的な例題、理論的な解説、解析の実行から構成。学習・実務の両面に役立つ決定版。〔内容〕実験計画法／実験の配置／一元(二元)配置実験／分割法実験／直交表実験／他
統数研 船渡川伊久子・中外製薬 船渡川隆著 統計解析スタンダード **経 時 デ ー タ 解 析** 12855-0 C3341　　　　　A 5 判 192頁 本体3400円	医学分野、とくに臨床試験や疫学研究への適用を念頭に経時データ解析を解説。〔内容〕基本統計モデル／線形混合・非線形混合・自己回帰線形混合効果モデル／介入前後の2時点データ／無作為抽出と繰り返し横断調査／離散型反応の解析／他
関西学院大 古澄英男著 統計解析スタンダード **ベ イ ズ 計 算 統 計 学** 12856-7 C3341　　　　　A 5 判 208頁 本体3400円	マルコフ連鎖モンテカルロ法の解説を中心にベイズ統計の基礎から応用まで標準的内容を丁寧に解説。〔内容〕ベイズ統計学基礎／モンテカルロ法／MCMC／ベイズモデルへの応用(線形回帰、プロビット、分位点回帰、一般化線形ほか)／他
横市大 岩崎 学著 統計解析スタンダード **統 計 的 因 果 推 論** 12857-4 C3341　　　　　A 5 判 216頁 本体3600円	医学、工学をはじめあらゆる科学研究や意思決定の基盤となる因果推論の基礎を解説。〔内容〕統計的因果推論とは／群間比較の統計数理／統計的因果推論の枠組み／傾向スコア／マッチング／層別／操作変数法／ケースコントロール研究／他
琉球大 髙岡 慎著 統計解析スタンダード **経 済 時 系 列 と 季 節 調 整 法** 12858-1 C3341　　　　　A 5 判 192頁 本体3400円	官庁統計など経済時系列データで問題となる季節変動の調整法を変動の要因・性質等の基礎から解説。〔内容〕季節性の要因／定常過程の性質／周期性／時系列の分解と季節調節／X-12-ARIMA／TRAMO-SEATS／状態空間モデル／他
横市大 阿部貴行著 統計解析スタンダード **欠 測 デ ー タ の 統 計 解 析** 12859-8 C3341　　　　　A 5 判 200頁 本体3400円	あらゆる分野の統計解析で直面する欠測データへの対処法を欠測のメカニズムも含めて基礎から解説。〔内容〕欠測データと解析の枠組み／CC解析とAC解析／尤度に基づく統計解析／多重補完法／反復測定データの統計解析／MNARの統計手法
横市大 汪 金芳著 統計解析スタンダード **一 般 化 線 形 モ デ ル** 12860-4 C3341　　　　　A 5 判 224頁 本体3600円	標準的の理論からベイズ的拡張、応用までコンパクトに解説する入門的テキスト。多様な実データのRによる詳しい解析例を示す実践志向の書。〔内容〕概要／線形モデル／ロジスティック回帰モデル／対数線形モデル／ベイズ的拡張／事例／他

坂巻顕太郎・寒水孝司・濱崎俊光著 統計解析スタンダード **多　重　比　較　法** 12862-8　C3341　　　　A 5 判 168頁 本体2900円	医学・薬学の臨床試験への適用を念頭に，群や評価項目，時点における多重性の比較分析手法を実行コードを交えて解説。〔内容〕多重性とは／多重比較の概念／多重比較の方法／仮説構造を考慮する多重比較手順／複数の評価項目の解析。
筑波大 尾崎幸謙・明学大 川端一光・ 岡山大 山田剛史編著 **Rで学ぶ マルチレベルモデル[入門編]** —基本モデルの考え方と分析— 12236-7　C3041　　　　A 5 判 212頁 本体3400円	無作為抽出した小学校からさらに無作為抽出した児童を対象とする調査など，複数のレベルをもつデータの解析に有効な統計手法の基礎的な考え方とモデル（ランダム切片モデル／ランダム傾きモデル）を理論・事例の二部構成で実践的に解説。
筑波大 尾崎幸謙・明学大 川端一光・ 岡山大 山田剛史編著 **Rで学ぶ マルチレベルモデル[実践編]** —Mplusによる発展的分析— 12237-4　C3041　　　　A 5 判 264頁 本体4200円	姉妹書[入門編]で扱った基本モデルからさらに展開し，一般化線形モデル，縦断データ分析モデル，構造方程式モデリングへマルチレベルモデルを適用する。学級規模と学力の関係，運動能力と生活習慣の関係など5編の分析事例を収載。
前首都大 朝野煕彦編著 ビジネスマン がはじめて学ぶ　**ベ　イ　ズ　統　計　学** —ExcelからRへステップアップ— 12221-3　C3041　　　　A 5 判 228頁 本体3200円	ビジネス的な題材，初学者視点の解説，ExcelからR（Rstan）への自然な展開を特長とする待望の実践的入門書。〔内容〕確率分布早わかり／ベイズの定理／ナイーブベイズ／事前分布／ノームの更新／MCMC／階層ベイズ／空間統計モデル／他
前首都大 朝野煕彦編著 ビジネスマンが 一歩先をめざす　**ベ　イ　ズ　統　計　学** —ExcelからRStanへステップアップ— 12232-9　C3041　　　　A 5 判 176頁 本体2800円	文系出身ビジネスマンに贈る好評書第二弾。丁寧な解説とビジネス素材の分析例で着実にステップアップ。〔内容〕基礎／MCMCをExcelで／階層ベイズ／ベイズ流仮説検証／予測分布と不確実性の計算／状態空間モデル／Rによる行列計算／他
統計科学研 牛澤賢二著 やってみよう　**テキストマイニング** —自由回答アンケートの分析に挑戦！— 12235-0　C3041　　　　A 5 判 180頁 本体2700円	アンケート調査の自由回答文を題材に，フリーソフトとExcelを使ってテキストデータの定量分析に挑戦。テキストマイニングの勘所や流れがわかる入門書。〔内容〕分析の手順／データの事前編集／形態素解析／抽出語の分析／文書の分析／他
東工大 宮川雅巳・神戸大 青木 敏著 統計ライブラリー **分　割　表　の　統　計　解　析** —二元表から多元表まで— 12839-0　C3341　　　　A 5 判 160頁 本体2900円	広く応用される二元分割表の基礎から三元表，多元表へ事例を示しつつ展開。〔内容〕二元分割表の解析／コレスポンデンス分析／三元分割表の解析／グラフィカルモデルによる多元分割表解析／モンテカルロ法の適用／オッズ比性の検定／他
早大 豊田秀樹著 はじめての　**統計データ分析** —ベイズ的〈ポストp値時代〉の統計学— 12214-5　C3041　　　　A 5 判 212頁 本体2600円	統計学への入門の最初からベイズ流で講義する画期的な初級テキスト。有意性検定によらない統計的推測法を高校文系程度の数学で理解。〔内容〕データの記述／MCMCと正規分布／2群の差（独立・対応あり）／実験計画／比率とクロス表／他
早大 豊田秀樹編著 **基礎からのベイズ統計学** ハミルトニアンモンテカルロ法による実践的入門 12212-1　C3041　　　　A 5 判 248頁 本体3200円	高次積分にハミルトニアンモンテカルロ法（HMC）を利用した画期的初級向けテキスト。ギブズサンプリング等を用いる従来の方法より非専門家に扱いやすく，かつ従来は求められなかった確率計算も可能とする方法論による実践的入門。
東大 貞広幸雄・中央大 山田育穂・建築研究所 石井儀光編 **空　間　解　析　入　門** —都市を測る・都市がわかる— 16356-8　C3025　　　　B 5 判 184頁 本体3900円	基礎理論と活用例〔内容〕解析の第一歩（データの可視化，集計単位変換ほか）／解析から計画へ（人口推計，空間補間・相関ほか）／ネットワークの世界（最短経路，配送計画ほか）／さらに広い世界へ（スペース・シンタックス，形態解析ほか）

東北大 浜田　宏・関学大 石田　淳・関学大 清水裕士著 統計ライブラリー **社会科学 のための　ベイズ統計モデリング** 12842-0 C3341　　　　A 5 判 240頁 本体3500円	統計モデリングの考え方と使い方を初学者に向けて解説した入門書。〔内容〕確率分布／最尤法／ベイズ推測／MCMC 推定／エントロピーとKL情報量／遅延価値割引モデル／所得分布の生成モデル／単純比較モデル／教育達成の不平等／他
筑波大 手塚太郎著 **しくみがわかるベイズ統計と機械学習** 12239-8 C3004　　　　A 5 判 220頁 本体3200円	ベイズ統計と機械学習の基礎理論を丁寧に解説。〔内容〕統計学と機械学習／確率入門／ベイズ推定入門／二項分布とその仲間たち／共役事前分布／EMアルゴリズム／変分ベイズ／マルコフ連鎖モンテカルロ法／変分オートエンコーダ
J. Pearl他著　USCマーシャル校 落海　浩訳 **入門 統 計 的 因 果 推 論** 12241-1 C3041　　　　A 5 判 200頁 本体3300円	大家Pearlによる入門書。図と言葉で丁寧に解説。相関関係は必ずしも因果関係を意味しないことを前提に，統計的に原因を推定する。〔内容〕統計モデルと因果モデル／グラフィカルモデルとその応用／介入効果／反事実とその応用
USCマーシャル校 落海　浩・神戸大 首藤信通訳 **Rによる 統 計 的 学 習 入 門** 12224-4 C3041　　　　A 5 判 424頁 本体6800円	ビッグデータに活用できる統計的学習を，専門外にもわかりやすくRで実践。〔内容〕導入／統計的学習／線形回帰／分類／リサンプリング法／線形モデル選択と正則化／線形を超えて／木に基づく方法／サポートベクターマシン／教師なし学習
前早大 森平爽一郎著 統計ライブラリー **経済・ファイナンス の　ため　のカルマンフィルター入門** 12841-3 C3341　　　　A 5 判 232頁 本体4000円	社会科学分野への応用を目指す入門書。基本的な考え方や導出など数理を平易に解説する理論編，実証分析事例に基づくモデリング手法を解説する応用編の二部構成。経済・金融系の事例を中心にExcelを利用した実践的学習。社会人にも最適。
慶大 中妻照雄著 実践Pythonライブラリー **Pythonによる ベイズ統計学入門** 12898-7 C3341　　　　A 5 判 224頁 本体3400円	ベイズ統計学を基礎から解説，Pythonで実装。マルコフ連鎖モンテカルロ法にはPyMC3を活用。〔内容〕「データの時代」におけるベイズ統計学／ベイズ統計学の基本原理／様々な確率分布／PyMC／時系列データ／マルコフ連鎖モンテカルロ法
愛媛大 十河宏行著 実践Pythonライブラリー **はじめてのPython & seaborn** ―グラフ作成プログラミング― 12897-0 C3341　　　　A 5 判 192頁 本体3000円	作図しながらPythonを学ぶ〔内容〕準備／いきなり棒グラフを描く／データの表現／ファイルの読み込み／ヘルプ／いろいろなグラフ／日本語表示と制御文／ファイルの実行／体裁の調整／複合的なグラフ／ファイルへの保存／データ抽出と関数
海洋大 久保幹雄監修　東邦大 並木　誠著 実践Pythonライブラリー **Pythonによる 数 理 最 適 化 入 門** 12895-6 C3041　　　　A 5 判 208頁 本体3200円	数理最適化の基本的な手法をPythonで実践しながら身に着ける。初学者にも試せるようにプログラミングの基礎から解説。〔内容〕Python概要／線形最適化／整数線形最適化／グラフ最適化／非線形最適化／付録:問題の難しさと計算量
慶大 中妻照雄著 実践Pythonライブラリー **Pythonによる ファイナンス入門** 12894-9 C3341　　　　A 5 判 176頁 本体2800円	初学者向けにファイナンスの基本事項を確実に押さえた上で，Pythonによる実装をプログラミングの基礎から丁寧に解説。〔内容〕金利・現在価値・内部収益率・債権分析／ポートフォリオ選択／資産運用における最適化問題／オプション価格
大隅　昇・鳰真紀子・井田潤治・小野裕亮訳 **ウ ェ ブ 調 査 の 科 学** ―調査計画から分析まで― 12228-2 C3041　　　　A 5 判 372頁 本体8000円	"The Science of Web Surveys" (Oxford University Press) 全訳。実験調査と実証分析にもとづいてウェブ調査の考え方，注意点，技法などを詳説。〔内容〕標本抽出とカバレッジ／無回答／測定・設計／誤差／用語集・和文文献情報

上記価格（税別）は 2020 年 1 月現在